U0044574

互聯網思維的致勝九大關鍵

換掉你的腦袋，成為新時代商場贏家

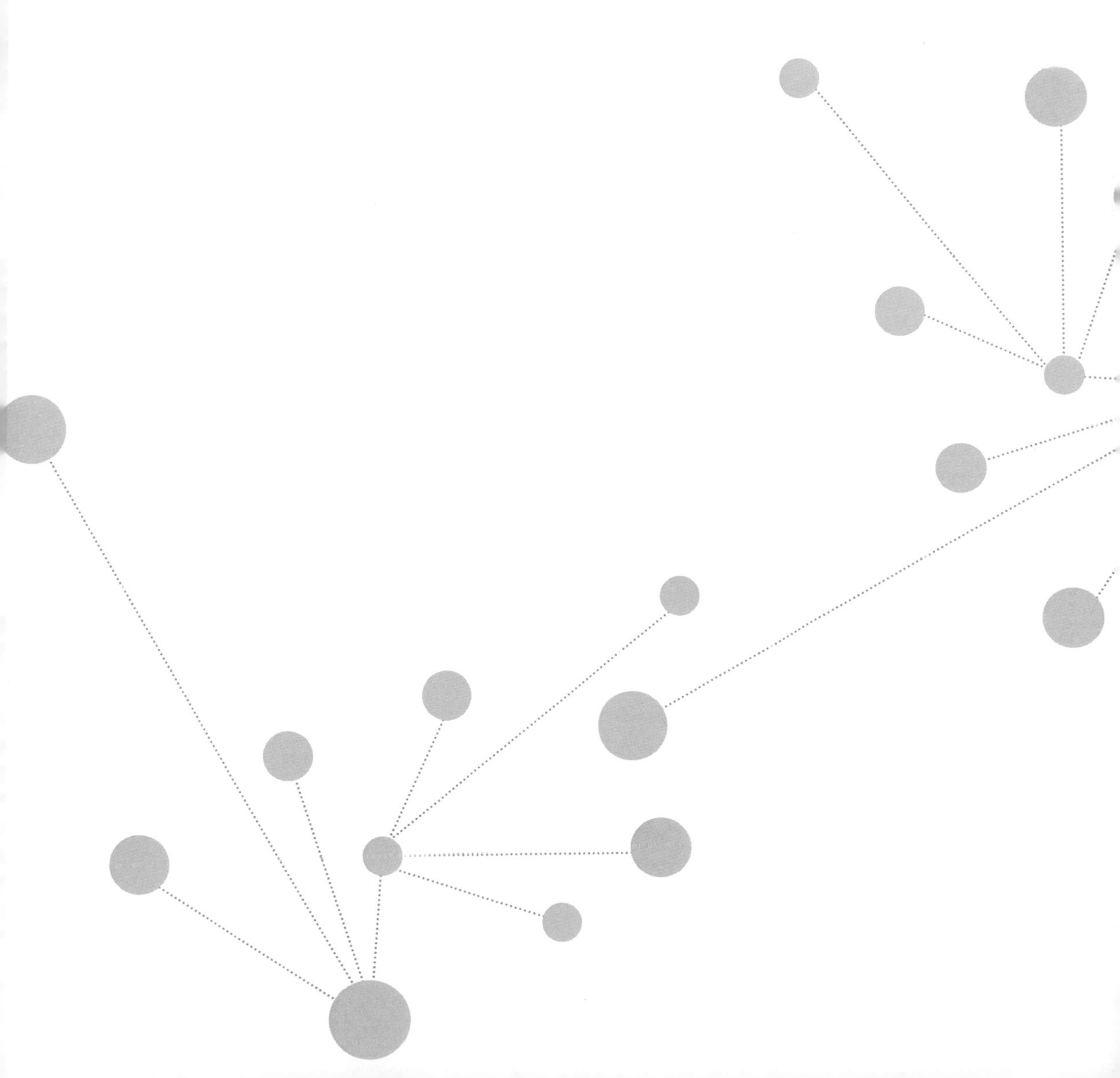

推薦序一

突然冒出個趙大偉

文／王明夫（和君集團董事長）

趙大偉考入和君商學院第五屆在線班，在人才濟濟的和君商學院裡，他就像是一滴水掉進了人才的海洋，無聲無息、了無痕跡。他完整地聽了我一年的課程，他說和君的每一堂課都讓他眼界大開、熱血沸騰。但我一直對這樣一個學生，沒什麼印象。後來他辭去待遇優厚的國營事業工作，轉而入職和君公司，成為和君千名諮詢師隊伍中的一員，我也半點兒都不知情。總之，他作為我的學生和我的同事，前後跨時兩年多，我不知其人，也未聞其事。

2013 年，和君舉辦全員培訓大會，主題確定為「致青春」，向全體年輕人海選演講者。我是培訓大會的總設計和總導演，負責遴選演講者和指導他們備課。在眾多的申報作品中，有一份叫《互聯網思維「獨孤九劍」》，突然跳了出來，我一眼就看上了它，愛不釋手。它選題前瞻、結構嚴整、邏輯清晰、文字乾淨、觀察深刻、體會精到，堪稱一幅妙品。如果要評選 2013 年度中國最佳商業評論或商業觀察，此人此品當爆冷折桂。和君隊伍中有如此功力的年輕人？我喜不自禁。此人是誰？趙大偉！長得啥樣？什麼來路？不知道。

他的內容無須作任何改動，他是否擅長演講，也無關緊要。我沒任何遲疑就選定讓他上了。直到培訓大會他登上講台，我才第一次打量這個年輕人，欣賞、仰望和期許，盡在其中。趙大偉果然沒有什麼演講技巧和巧言令色，有的就是能力和幹練，50 分鐘的演講，博得了千人會場如雷的掌聲。就這樣，在我的心目中，在一千多個和君人的心目中，突然冒出個趙大偉，他在一直以來的默默無聞中爆冷逆襲，迅速竄紅。

隨後我跟進了三件事：第一、囑咐和君品牌部門推廣趙大偉的思想觀點，助推趙大偉；第二、主張趙大偉寫一本書，深化自己的研究，嚴謹自己的認知，惠及更多的人和企業；第三、邀請趙大偉陪我和客戶會談了一次，討論一個傳統業（鋁型材）的 O2O 戰略，希望他找到真實的質感，把他的互聯網思維嵌入中國的商業原生態裡去，思考中國產業的命運，探索中國產業的出路。

如今，3 個月過去了，主流財經媒體頻繁採訪或採用趙大偉的互聯網思維觀點；和君官方微信做的趙大偉專題，迅速被轉發十幾萬人次；刊發趙大偉互聯網思維文章的一期《和君視野》雜誌被搶要一空；清華大學、廈門大學等著名學府陸續邀請趙大偉去授課；阿里巴巴、複星集團等企業和投資機構紛紛邀請趙大偉去「華山論劍」，破解轉型迷思，探討升級之路。在傳統產業如何互聯網化的領域上，似乎到處都突然冒出一個趙大偉。就一季的事，趙大偉火起來了。

趙大偉的書稿，已經出來。單是琢磨一遍目錄，我就欣賞不已，陡然興起一股欲讀其詳的衝動。這本書，應該成為和君人的必讀書，將被列入我一年一度修訂的《建設你的知識結構：和君推薦閱讀書目單》中。如果說互聯網將改變一切產業和商業，中國的企業家和經理人迫切需要理解互聯網精神、建立互聯網思維、學會互聯網打法，那麼這本書也應該成為中國企業家和經理人的必讀書。

新興互聯網技術的產業化、所有產業的互聯網化，是未來商業浪潮的兩大主旋律。和君集團必須告別傳統諮詢，迎上這兩股商業浪潮。和君諮詢提供戰略思想和操作方案、和君資本提供資金、和君商學院提供人才，協助一個個傳統企業實現互聯網化，協助一個個新興互聯網技術實現產業化，應該就是和君集團打造能力、服務客戶的方向。趙大偉這樣的人才，突然冒出來，絕非偶然，從社會說是時勢的需要，就和君而言是戰略的呼喚。

趙大偉，與馬化騰、李彥宏、楊致遠、比爾·蓋茨等 IT 人同屬天蠍座，出生於吉林白城一個普通的農民家庭，現為和君集團專注在互聯網領域的一名諮詢師。他樸實、堅毅、勤奮、好學，長期大量閱讀練就的思維力，利如劍；不怕吃苦、說幹就幹的行動力，行如風。他未來的職業道路，漫長而又清晰、有挑戰而又瑰偉：帶著和君式的「管理諮詢＋投資銀行」知識底蘊，修練他的互聯網思維「獨孤九劍」，仗劍行走諮詢江湖，協助一個個客戶企業進行互聯網化改造，幫助它們浴火重生，毫不留戀地告別黯然失色的舊商業，毅然決然地走向生機無限的新經濟，待到年頭夠了、功夫到了的時候，亮劍資本市場，弄潮產業巔峰，最終實現「修身、齊家、興業、益天下」的人生價值。

趙大偉在讀和君商學院的時候寫過一篇作文，題目叫做《大器成於大氣，偉業始於微行》，其中說:「我本劍客一名，理當尊幹將、莫邪為榜樣，將全部熱血與精華鑄進生命之劍中。」他在文中寫了一首豪氣干雲的詩，茲摘錄其中幾句，略作改動，以為本序的收尾。

生逢當時，其勢難擋；偉骨峻志，其堅如鋼。

營伍之氣，糾糾昂昂；劍履齊奮，誰與爭抗？

鐵骨錚錚，俠義堂堂；兵談紙上，非吾趙郎。

將相無種，男兒自強；利劍出鞘，一試鋒芒！

王明夫

2014年1月15日於溫哥華 Deep Cove

推薦序二

擁抱互聯網

文／俞敏洪（新東方教育科技集團董事長）

互聯網的發展架勢是，侵入一個一個傳統行業的地盤，先是蠶食、後是衝擊、最後是顛覆，側面試探演變為正面競爭；正面競爭演變為全面洗劫。媒體、圖書、旅遊、零售、手機、家電、電信、金融……從輕量級的到重量級的，一個個傳統產業，眼睜睜地就這樣看著它們一步一步地被互聯網改變著、重構著，興衰、勝負、生死都重新來過。原來號令天下的巨頭可能搖搖欲墜，而名不見經傳的，可能異軍突起、雄霸天下。我所從事的教育行業，就是這樣一個古老的、傳統的行業。2013 年，我的好朋友 BAT（百度、阿里巴巴、騰訊）毫不猶豫地闖入了我的地盤，做起了線上課程。彷彿是一夜之間，線上課程潮水般地湧起來，我知道，我已經無法按原有的思維和模式守住我的地盤了。

2013 年，是新東方成立 20 周年，而我卻陷入焦慮和痛苦之中，因為我知道，用 20 年時間發展起來的新東方，未來的 20 年，路真是不好走。當天晚上，我就把新東方前 150 個管理幹部拉到北京郊區，閉關整整 4 天，討論未來 20 年的發展思路，思考如何重構新東方的商業模式，更換新東方的基因，以實現擁抱互聯網的轉型和升級。更換基因這個坎兒過不去，基本上就要死，能不能擁抱互聯網成了生死問題。

更換組織基因，用互聯網思維去重構原來的商業模式，非常不容易、非常痛苦，但必須要這麼做。我的親身體會：一是改變自己慣性思維非常難；二是意識到不得不變後，行為很難跟上思想變，思想意識已經換軌道了，但行為往往還停留在舊軌道上；三是如果我的思想和行為一致了，怎麼動員團隊跟我一起走。就在這個痛苦轉變的過程中，你還在煎熬和取捨，大量的機會可能就已經失去。改變是有風險的，改不一定就是活路，但不改一定是死路。所以我現在做好了準備，寧可在改的路上死掉，也不死在原來的基因裡。

首先要從我自己這裡開始轉變，用互聯網思維來武裝我自己，然後我還要引導大家用互聯網思維把自己武裝起來，讓互聯網思維融入每一個工作項目中。只有我的思維轉變了，新東方的團隊才有可能實現思維方面的轉變；只有新東方的團隊思維轉變了，新東方的轉型才有可能成功。

怎樣建立起完整的互聯網思維？我覺得這本書很好，它勾勒出的互聯網 9 大思維、22 個法則，讓我們對這個問題的認識變得立體、系統起來，而且講得深入淺出、通俗易懂。這一點與那些從技術角度講解互聯網的圖書相比具有很大的不同，非常適合面臨互聯網轉型的傳統企業一讀。

俞敏洪

2014 年 1 月 13 日

自　　　序

順勢而爲

文／趙大偉

在 2013 年，「互聯網思維」一詞還不是太火，但是在這本書即將出爐的時候，這個詞已經火得發燙，關於互聯網思維的論述、爭辯也是愈來愈多，好像人人都能談上幾句，寫個文章套用個「互聯網思維」，關注度即刻大幅提升，這種現象的出現，昭示著什麼？

當一個話題被人們反覆提起的時候，這個話題遲早會成一個時代命題，當下，就是這樣的時代。傳統企業互聯網化，即將成為最主流的商業旋律。無論你是互聯網人，還是傳統企業從業者；無論你是創業者，還是投資人，這是時代給予我們的機遇。

我從事諮詢和培訓工作，業務又涉及傳統企業的互聯網轉型，所以經常會與大量的傳統企業老闆交流諸如「電子商務」、「社會化行銷」、「O2O」之類的話題，但是多次交流之後，發現絕大多數傳統企業對電子商務的認知還不夠深入，還停留在「如何提升天貓旗艦店的銷量？」、「如何做微信行銷？」、「在哪裡找到合適的電商人才？」這類問題上。這類問題的答案固然很重要，但是系統性的問題沒有解決，這類問題也難有實質性的突破。

我們認為：結構效率大於營運效率。上面這些問題都是營運效率層面的問題，如果結構效率得不到提升，營運效率很難體現出價值。對於傳統企業互聯網轉型來說，絕不僅僅是在天貓開個店、在微信開個公眾帳號那麼簡單，而是基於互聯網影響下的產業發展、消費行為變遷，對整個企業商業模式的重新思考，對內部管理體系、業務流程的再造和升級。這是一項系統工程，其背後貫穿的是一整套的新商業思想，我們稱之為互聯網思維。

互聯網思維 使商業回歸人性

這些互聯網思維，不是因為互聯網才產生，而是因為互聯網的發展，使得這些思維得以集中爆發。互聯網思維，不能說是有多新鮮的理念，它恰恰是一種回歸，使得商業回歸人性。互聯網的技術發展和商業形態演變，使得這種「以人為本」的商業理念凸顯出不容忽視的價值。

馬雲曾經說過，很多人一生輸就輸在對新生事物的看法上：第一、看不見；第二、看不起；第三、看不懂；第四、來不及。

互聯網思維挾「顛覆」的浪潮席捲而來，從我們身邊發生的一件又一件「顛覆」案例來看，互聯網正在不折不扣地重構著原有的商業秩序，互聯網思維也在影響著一波又一波的創業浪潮。小米的奇蹟，雖然空前，但並不絕後，如果誰能夠把握住其中的「Know-how」，誰就可以打造下一個「小米」。

為了將關於傳統企業互聯網轉型的一些思考系統化，並分享給更多人，我透過「眾包」（藉由網際網路集體創作）的方式，與數十名業內資深人士通力合作，用兩個月的時間完成了這部書稿。市場即對話，書稿亦然。為了幫助大家更有效率地閱讀本書，這裡有幾點提示：

（1）一本書有一類受眾群體，本書主要針對的讀者，便是那些希望能夠在這場傳統企業互聯網化浪潮中抓住商業機遇的同行者，對互聯網思維有那麼一點感覺但還不夠深入，不管你是來自傳統行業還是來自互聯網領域。文風力求通俗易懂，偏口語化。「沒有傳統的企業，只有傳統的思想」，我們希望能夠幫助這些優質的企業完成這樣的思維切換。

（2）絕大多數關於互聯網思維的爭辯都是建立在定義不一致的基礎上，這樣的爭論毫無意義。如果你不屑於談互聯網思維，我也不屑於和你辯論。我們不是評論家，沒有時間去爭論所謂的真偽命題。互聯網思維沒有真偽之分，只有理解深淺之別，如果理解了，請挽起袖子立即去做！

（3）學習沒有終點，書稿也將不斷更新。互聯網科技發展日新月異，傳統企業互聯網轉型也在前仆後繼，每個人對互聯網思維的理解都在不斷深化，讀完這本書只是起點，而遠非終點。書稿現在也只是 1.0 版本，我們會根據觀察、實踐和體悟逐漸完善，有可能很快年底就變成 5.0 版本了。我更希望扮演一個引路人的角色，幫助大家打開這扇門，我們攜手同行，在這場商業變革浪潮中共同成長。

（4）人人皆可為師，互動才能創造價值。面臨互聯網轉型的傳統行業從業者們，在商業實戰中所沉澱出的智慧，是非常寶貴的財富，只有充分地交流、碰撞，才可能真正帶來啟發。與其說是我寫這本書，倒不如說我給大家搭建一個探討的平台，我們每個人在實踐中遇到的困惑、積累的經驗、鮮活的案例都將是這本「書」的重要組成部分。

（5）不要糾結於案例，要關注案例背後的商業邏輯。書稿中會引用大量案例來支持理論觀點，是為了讓大家更容易理解。但是這裡提醒大家不要糾結於案例本身，每一個成功的企業都是階段性的成功，今天它做得好的地方我們拿來借鑒，但很有可能它因為其他方面的疏漏而退出江湖，沒準今天很火的小米明天就會黯然失色，這個在商業社會都很正常。所以我們更重要的是把案例放在特定的情境下，去審視其背後的操作思路和商業邏輯。

（6）讀書只是學習形式之一，真知的形成需要持續聚焦和深度思考。讀書，尤其是紙質圖書的閱讀，只能算是一種學習方式，還遠遠不夠。聚焦在傳統企業的互聯網轉型，我們將打造一個線上線下立體學習的交互社區。我們不一定是最好的作者，但我們一定是最好的編輯。

按照上面的初衷，為了幫助大家完成對「互聯網產業化」、「產業互聯網化」更為透徹的理解，我們營運了一個聚焦在傳統企業互聯網轉型的 O2O 社群，現在推出了微信公眾帳號平台——新商業智慧聯盟（xsyzhlm），後續會不斷地豐富學習內容和形式，幫助大家知行合一。

互聯網思維的核心是用戶思維

在撰寫書稿的過程中，也是對我現在所從事工作的一個系統思考過程。互聯網思維的核心是用戶思維，強調用戶體驗，對於傳統企業的互聯網轉型，我們希望能為我們的用戶提供盡可能多的幫助。我們致力打造一種全方位的解決方案，提供諮詢服務（提升管理），提供資本（導入資金），提供技術（IT 實施），提供人才（搭建團隊），提供培訓（發展能力），為傳統企業互聯網轉型提供方法論、資金池、技術包和人才庫，協助企業提升內生能力。

感　謝

這本書能夠成稿出版，首先要感謝和君諮詢董事長王明夫先生。沒有他的指導和支持，就沒有這本書的誕生。

其次要感謝新東方教育科技集團董事長俞敏洪先生為本書作序。

最應該感謝的是，參與本次書稿撰寫和修訂的 60 多位「眾包」作者和編輯，他們是黃金、伍星、薄勝、陳能杰、安征、熊水柔、孫偉、王曉夢、曹宇峰、秦曄、王婧琳、崔祥瑞、布和、曾旭、黃冰、張春梅、王啟林、魯錫峰、吳正高、鞏志遠、蔡武、張東洋、陳鴻嬰、穆玉良、潘雪峰、高博、呂鑫、潘國強、劉雁、勞錫寮、丁文曜、譚宏斌、王雪、汪芳芳、蔡勇、李永久、王凱、楊林三、祝恩明、李全、王一強、壽治國、劉桂雲、陳曼曼、劉雪婭、劉禮、黃慶銘、賈鵬、方安兵、董秋月、張鑫、吳澤權、郝明、郭丹、高步雲、丁立朝、高莉莉、于璐、淩霞、劉祺、肖龍、肖妤倩等。

其中，伍星及優才網志願團隊負責本書稿的網路閱讀平台開發，薄勝、熊水柔負責本次書稿訪談人士聯絡，在此向他們表示感謝！

感謝我的前女友兼現任妻子劉惜墨女士，謝謝她一直以來的諒解和陪伴！

感謝和君公司品牌部的同事趙長城和機械工業出版社的解文濤先生，本書能夠如此迅速出爐，與他們的努力工作分不開。

目　錄

第三節

法則 13 ——社會化網絡，重塑組織管理和商業運作模式 176

第七章 大數據思維 182

第一節

法則 14 ——數據資產成爲核心競爭力 184

第二節

法則 15 ——大數據的價値不在大，而在於挖掘能力 192

引　言

互聯網思維制勝
傳統企業轉型

- 傳統企業互聯網化，是未來商業浪潮的主流。
- 互聯網思維的本質，是商業回歸人性。
- 傳統企業的互聯網轉型，是一項系統工程。

不是因爲有了互聯網，才有了這些思維，

而是因爲互聯網的出現和發展，

使得這些思維得以集中性爆發。

第一節
傳統企業互聯網化，是未來商業浪潮的主流

首先回顧兩場著名的「賭局」。

賭局一：2012 年 12 月 王健林 VS 馬雲

2020 年電商（電子商務）在中國零售市場占 50%？

籌碼：1 億元

在「2012 中國經濟年度人物」頒獎現場，「萬達」集團董事長王健林與「阿里巴巴」集團董事會主席馬雲針鋒相對地火併了一把。王健林稱：「電商再厲害，但像洗澡、捏腳、掏耳朵這些業務，電商是取代不了的。我跟馬雲先生賭一把：2020 年，也就是 8 年後，如果電商在中國零售市場占 50%，我給他一個億，如果沒到他還我一個億。」

馬雲則認為電商必勝。他稱：「今天真正創造一萬億的不是馬雲，創造一萬億的可能是那些店小二、年輕人、『90 後』、『80 後』，我們在街上不會點頭的快遞人員，他們正在改變今天的中國經濟，而只有他們才是未來經濟的希望。所以我不是取代你，而是幫助他們取代你。」

賭局二：2013 年 12 月 董明珠 VS 雷軍

五年之後「小米」營業額能否超過「格力」？

籌碼：10 億元

在「2013 中國經濟年度人物」頒獎現場，這類賭局又如法炮製了一番，而且是上一年的對賭雙方做見證。小米雷軍認為：「小米模式能不能戰勝格力模式，我覺得看未來 5 年。請全國人民作證，5 年之內，如果我們的營業額擊敗格力的話，董明珠董總輸我一塊錢就行了。」

而格力董明珠說：「我告訴你，一塊錢不要在這兒說。第一、我告訴你不可能；第二、要賭不是一億，我跟你賭10個億。為什麼？因為我們有23年的基礎，我們有科技創新研發的能力，而且我們保守了過去傳統的模式。」

且不去評論這類賭局的商業作秀成分，也不去評價對賭雙方如何各執一詞，單從這類商業現象來看，為什麼會有這樣的賭局產生？雖然這兩場賭局都最終作罷，但如果真的打賭，你賭誰贏？為什麼？各位「元芳」怎麼看？（註①）

傳統企業的「互聯網焦慮症」

在浩浩蕩蕩的互聯網浪潮之下，一面是互聯網企業的高歌猛進，一面是傳統企業觸網的慷慨悲歌，上演了一場大變革、大轉型時代的絕妙交響。

我們不必太關心這兩個賭局誰輸誰贏，如果萬達、格力不向互聯網轉型，必然是輸家；如果能夠基於原有資源優勢並成功向互聯網轉型，則必然是贏家。這不是小米與格力誰輸誰贏的問題，這是一場新商業與舊商業的博弈。

當淘寶「雙11」一天的銷售額達到350億元人民幣（相當於中國日均社會零售總額的50%）的時候，傳統的零售業該如何發展？當我們每天的媒體接觸習慣變成了微博、微信的時候，傳統的報紙、電視媒體又該怎麼辦？當我們把錢都放在餘額寶裡並且刷手機來支付的時候，傳統的銀行網站還有多大存在的必要？當互聯網深刻地改變人類生活方方面面的時候，傳統的商業形態必然面臨變革，要麼主動轉型，要麼被動顛覆。

無論是對於互聯網公司，還是對於曾經居高臨下的傳統企業而言，這就是一個大變革的時代。在互聯網巨頭和創業者一批批湧入傳統企業互聯網轉型大潮時，很多先知先覺的傳統企業也已經開始布局，開始「觸網」，一路踉蹌地嘗試做電子商務、做新媒體行銷，但似乎都沒有太好的效果。於是，大家便患上了一種病——「互聯網焦慮症」，並且在「不明覺厲」（註②）的恐慌中摸索著。

與此同時，傳統企業的互聯網轉型引發了大量的資本關注。很多投資機構認為：一旦這些傳統企業能夠轉型成功，目前已經足夠便宜的估值將有極大的提升空間。但問題是，傳統企業的互聯網轉型，真的那麼容易嗎？你看到哪個企業已經算是成功轉型了呢？傳統零售行業受到電商衝擊最大，那麼多的零售企業，真正轉型的或者說有轉型成功跡象的少之又少，大部分零售企業，要麼轉型的方向不明，要麼積弊太多，失去了轉型的動力，只能充當一隻溫水中的青蛙。

互聯網思維，是傳統企業互聯網轉型的制勝關鍵

隨著互聯網技術作為工具的逐步發展，愈來愈多的商業形態受到互聯網的衝擊。當這種衝擊不斷加深和變革不斷加劇的時候，互聯網就不再僅僅是一種技術，而是逐漸演變成為一種思維模式，也就是當前各路大俠熱中探討的「互聯網思維」。

我們來下個定義：互聯網思維，是指在網際網路、大數據、雲端等科技不斷發展的背景下，對市場、對用戶、對產品、對企業價值鏈乃至對整個商業生態進行重新審視的思考方式。

傳統企業要想轉型成功，適應行動互聯網時代商業社會的要求，絕非淘寶上開個店或者做個微博行銷那麼簡單，這些都是轉型的「皮」而已。轉型成功的最核心要義，就是傳統企業必須具備互聯網思維。互聯網思維，是傳統企業轉型的制勝之道，抓住這一點，才抓住了根本。

中國互聯網元老田溯寧說：「未來的企業要互聯網化，每家企業都要有互聯網的思維。在未來不用互聯網方式來思考問題，就沒辦法在社會展開競爭。」

這裡說明一下：**不是因為有了互聯網，才有了這些思維，而是因為互聯網的出現和發展，使得這些思維得以集中爆發。**

傳統企業互聯網轉型成敗，與「基因」無關

百度李彥宏認為，互聯網正在加速淘汰傳統企業。互聯網在整個中國還是一個小的產業，互聯網以外的產業是更大的產業，而每一個這樣的產業都面臨互聯網產業的衝擊，當然站在互聯網人的角度來說，面臨著幾乎是無限的機會。

對於李彥宏的觀點，筆者有不同的看法。對於這波互聯網浪潮，互聯網企業和傳統企業其實都面臨著巨大的機會，當然也面臨著巨大的挑戰。

傳統企業與互聯網企業的 PK 到底誰勝誰負？支持互聯網企業的往往是「基因論」者，認為傳統企業不具備互聯網基因，因而難以轉型成功。支持傳統企業的往往是「資源論」者，認為傳統企業在營運過程中積累的線下終端資源和行業經驗，是互聯網企業難以取代的。

筆者認為這兩種看法都是不科學的。因為很多傳統企業，自身基礎的商務環節並沒有做好，導致在互聯網轉型過程中，低效環節得以放大，難以應對互聯網企業的打法，而這和互聯網無關。同時，也有很多互聯網企業，由於缺乏對傳統商業本質的理解，進軍傳統行業也是屢屢敗北。某電商負責人說：「很難想像一個完全沒有從事傳統商務的人能把電子商務做好。如果沒有真正操盤過某個商品品牌的建立，那麼電子商務對他來說也同樣是巨大的挑戰。」

那些連傳統商務都沒做好的企業，的確很難做好電子商務；而那些電子商務的後進者憑藉對商務的理解和對互聯網工具的掌握，可以迅速占領線上的制空權，如小米之於海爾、聯想。

傳統企業在這波浪潮中，由於反應較晚，所以會出現暫時缺席的情況。

當傳統企業完成這套新的商業邏輯切換之後，就很難講鹿死誰手了。正如馬雲所說：「沒有傳統的企業，只有傳統的思想。」在美國，前 10 名電商企業中，有 8 家是傳統零售企業。再看一看 2013 年淘寶「雙 11」銷售成績，前 5 名分別是：小米官方、海爾官方、駱駝、羅萊家紡和傑克瓊斯，淘品牌已經跌出了銷量的前 5 名。

不過，在互聯網企業的「野蠻打法」下，傳統企業已經沒有多少時間按部就班地去打好基礎商務環節，因為市場競爭不進則退，這使得傳統企業必須加速用互聯網思維去重塑企業經營的各個環節，進而迎頭趕上。

互聯網將成為商業社會的基礎設施。**不管你是傳統企業還是互聯網企業，誰能夠充分了解商務本質並且利用好互聯網工具和互聯網思維去優化企業的價值鏈條，誰就能夠贏得這場商業競爭。**

不是只有互聯網公司的人才具備互聯網思維，互聯網公司裡很多人也不具備這種思維。互聯網思維是一個商業時代的產物，就是我們經常談到的「生產力決定生產關係，生產關係要適應生產力。」不管你來自互聯網公司，還是來自傳統企業，都可以學會這種思考方式。

「以消費者為中心」的信息經濟注定要取代「以廠商為中心」的工業經濟，所有的傳統商業都要完成轉型升級，進化到一種新的商業物種，這已經是兩種商業物種的隔代競爭。來不及完成這種切換的，就必然會面臨淘汰，無論你是傳統企業還是互聯網企業。

所以說，不是互聯網企業淘汰傳統企業，也不是傳統企業淘汰傳統企業，而是新商業淘汰舊商業。

張近東帶領的中國商業連鎖第一品牌蘇寧雲商，正走在向新商業模式轉變的道路上。蘇寧雲商所定義的線下，是一個涵蓋了店面、物流、服務、供應鏈，以及用互聯網思維武裝的新型銷售團隊在內的全資源能力體系。這是對空中的互聯網經營最為有效的實體支撐體系。它解決了在傳統電商形態下，消費者缺乏產品體驗、品牌認知的弊端，可以將物流、售後服務、社交進行本地化的支撐，利用既有資源提升供應鏈效率，降低營運成本，有利於形成可持續的盈利模式。這已經轉變為一種「虛實結合」的新商業形態，而不是簡單的線上和線下的嫁接。這種新的商業形態，一定是建立在互聯網思維基礎之上的。

未來將不會再有互聯網企業，因爲所有企業都將成爲互聯網企業

問大家一個問題，什麼叫做互聯網企業？

看看百度百科的定義：互聯網企業是以網路為基礎的經營，一般包括 IT 行業、電子商務、軟體開發等。

現在看來，這個定義是經不起推敲的。「以網路為基礎的經營」，未來有多少企業不是以網路為基礎展開經營的？還有什麼企業會拒絕互聯網？

在互聯網發展的早期，我們姑且稱當時一批企業為互聯網公司，如 BAT（百度、阿里巴巴、騰訊），因為這些企業最先應用互聯網工具，最先顛覆了傳統經濟的運行模式。所以，最早的這一批互聯網公司，其實是廣告公司、遊戲公司、貿易公司或者媒體（如新浪、網易、搜狐、淘寶、京東等）。

但是，在今天，筆者認為，所謂的互聯網行業、互聯網企業都是「偽命題」。BAT 的業務線涉足愈來愈多的傳統行業，互聯網作為一種技術、一種工具，已經滲透到了各行各業，該重新定義的不是互聯網行業、互聯網公司，而是傳統行業、傳統企業！

未來將不會再有互聯網公司，因為所有企業都將成為互聯網公司。所有行業、所有公司都會受到互聯網的影響，無論是技術層面還是思維層面。所有的傳統企業，需要思考的不是如何與互聯網公司搶生意，而是自身怎樣利用互聯網完成轉型和升級。

換言之，未來將沒有可以與互聯網撇清關係的行業。既然如此，作為傳統行業，不是被動地擔憂互聯網「土豪」要來霸占自己的領域，而是該考慮

自己這一行該怎麼「跟土豪做朋友」，去主動迎接互聯網的革命。

互聯網成爲生活中的「水和電」，互聯網思維成爲最根本的商業思維

互聯網已經滲透到企業營運的整個鏈條中，從基礎應用（如發電子郵件、用微信發通知、在百度查信息）到商務應用（如線上作業、線上銷售、線上客服），乃至用互聯網思維去優化整個企業經營的價值鏈條。

互聯網化將成為下一波商業浪潮中最關鍵的詞彙。在日經 2013 年全球 ICT（信息與通信技術，Information and Communications Technology，簡稱 ICT）論壇上，時任華為公司輪值 CEO 的胡厚昆說道：「在互聯網時代，傳統企業遇到的最大挑戰是基於互聯網的顛覆性挑戰。為了應對這種挑戰，傳統企業首先要做的是改變思想觀念和商業理念，要敢於以終為始地站在未來看現在，發現更多的機會，而不是用今天的思維想像未來，僅僅看到威脅。」

「互聯網正在成為現代社會真正的基礎設施之一，就像電力和道路一樣。互聯網不僅是用來提高效率的工具，它是構建未來生產方式和生活方式的基礎設施，更重要的是，互聯網思維應該成為我們一切商業思維的起點。」

今天看一個產業有沒有潛力，就看它離互聯網有多遠。「複星」集團 CEO 梁信軍指出，互聯網在過去一年中出現根本性轉捩點，開始第一次正式影響實體經濟，這是一個重要轉變。

註 ① 各位元芳怎麼看？：出自電視連續劇《神探狄仁傑》台詞「元芳，此事你怎麼看？」為中國目前甚為熱門的網路用語，如同台灣的「西屏，你怎麼看？」

註 ② 不明覺厲：大陸網路用語，是「雖不明，但覺厲」的縮句。出自周星馳電影《食神》，意為「雖然不明白你在說什麼，但好像很厲害的樣子。」

第二節
互聯網思維的本質，是商業回歸人性

新一代互聯網的特徵：萬物皆可互聯

「行動互聯網的概念即將消失，因為互聯網就是行動互聯網。」IDG 投資公司副總裁武連峰在 2013 年 Android 全球開發者大會上如此說道。

也就是說，未來的互聯網，不會再區分桌面互聯還是行動互聯，而是一種「泛在網路」的概念，是可以跨越 PC、平板、手機、汽車、手錶各個終端的。

傳統互聯網的定義多指桌面互聯（Internet 1.0），隨著智慧手機和平板電腦的興起，行動互聯（Internet 2.0）又變得炙手可熱。

新一代互聯網，一定是建立在物聯網基礎上的，我們把這種互聯網形態稱為「大互聯」（Internet 3.0），就是一種「任何人、任何物、任何時間、任何地點，永遠在線、隨時互動」的存在形式。

騰訊創始人馬化騰在 2013 年 11 月的內部會議上強調：「騰訊未來將不會再區分各類終端，要在各產品線上做到終端打通。」從騰訊為時一年的產品線調整來看，原有的無線事業群被拆分，只保留具有平台屬性的安全、瀏覽器、地圖和應用商店四大產品線。其餘產品都劃歸相應 PC 端所在部門，比如手機 QQ 被劃分至 QQ 所在的社交事業群。這說明未來在騰訊各個產品線上，都不再區分終端，要做到各終端打通，也就意味著產品布局不再強調終端，而是跨越各類終端提供統一的產品形態。這就是「大互聯」的表現。

所以，請各位不必糾結於桌面互聯還是行動互聯，在大互聯時代，互聯網自然具有行動屬性。而且這種「大互聯」網路，是未來所有行業、所有企業、所有組織的新運行平台，這個網路正在成為未來商業的新操作系統，也必將引爆新的商業革命。

互聯網的發展，讓互動變得更有效率

互聯網的發展過程，本質是讓互動變得更有效率，包括人與人之間的互動，也包括人機交互。

（1）Web 1.0，**門戶時代**：典型特點是信息展示，基本上是一個單向的互動。從 1997 年中國互聯網正式進入商業時代，到 2002 年這段時間，代表產品有新浪、搜狐、網易等入口網站。

（2）Web 2.0，**搜尋 / 社交時代**：典型特點是 UGC（用戶生產內容），實現了人與人之間雙向的互動。方興東創造了博客中國，開啟了用戶生成內容的時代，典型產品如新浪微博、人人網等。

（3）Web 3.0，**大互聯時代**：典型特點是多對多交互，不僅包括人與人，還包括人機交互以及多個終端的交互。以智慧手機為代表的行動互聯網開端，在真正的物聯網時代將盛行。現在僅僅是大互聯時代的初期，真正的 3.0 時代一定是基於物聯網、大數據和雲端運算的智慧生活時代，實現了「每個個體、時刻聯網、各取所需、實時互動」的狀態，也是一個「以人為本」的思維指引下的新商業文明時代。

互聯網思維，更注重人的價值

互聯網思維是怎麼產生的？生產力決定生產關係，互聯網技術特徵在一定程度上會影響到其在商業層面的邏輯。工業社會的構成單元是有形的原子，而構成互聯網世界的基本介質則是無形的比特，這意味著，工業文明時代的經濟學是一種稀缺經濟學，而互聯網時代則是豐饒經濟學。根據摩爾定律等理論，互聯網的三大基礎要件——頻寬、存儲、伺服器都將趨向免費。在互聯網經濟中，壟斷生產、銷售以及傳播管道將不再可能。

而且，一個網狀結構的互聯網，是沒有中心節點的，它不是一個層級結構。雖然不同的點有不同的權重，但沒有一個點是絕對的權威，所以互聯網的技術結構決定了它內在的精神，是去中心化，是分布式，是平等。平等是互聯網非常重要的基本原則。

在一個網狀社會，一個「個體」跟一個「企業」的價值，是由連接點的廣度和密度決定的，你的連接愈廣、連接愈密，你的價值愈大，這也是純信息社會的基本特徵，你的信息含量決定你的價值，因此開放變成一種生存的必須手段，你不開放，就沒有辦法去獲得更多的連接。

所以，互聯網商業模式必然是建立在平等、開放的基礎之上，互聯網思維也必然體現著平等、開放的特徵。平等、開放意味著民主，意味著人性化。從這個意義上講，互聯網是真正的以人為本的經濟，是一種人性的回歸，互聯網讓商業真正回歸人性。

農業文明時代最重要的資產是土地跟農民，工業時代最重要的資產是資本、機器（機器是固化的資本）、生產線上被異化了的人。工業時代早期考慮最多的是異化的人，因為人也被當做機器在處理，人只是生產線當中的螺絲釘。

到了知識經濟時代，最核心的資源，一個是數據，一個是知識工作者，就是杜拉克（Peter F. Drucker）在20世紀末講的Knowledge Worker（知識工作者）。企業的管理也會從傳統的多層次走向更加扁平、更加網路、更加生態的方式。讓Knowledge Worker真正能夠創造價值，變成任何一個組織和整個社會最重要、最需要突破的地方。

互聯網思維，堪比「文藝復興」

人類社會每次經歷的大飛躍，最關鍵的並不是物質催化，甚至不是技術催化，本質是思維工具的迭代（註①）。一種技術從工具屬性到社會生活，再到群體價值觀的變化，往往需要經歷很長的過程。珍妮紡紗機從一項新技術到改變紡織業，再到後來被定義為工業革命的肇始，影響東西方經濟格局，其跨度至少需要幾十年，互聯網也同樣如此。

14 世紀，隨著工廠手工業和商品經濟的發展，「以人為中心」的文藝復興思潮在義大利各城市興起，之後擴展到西歐各國，於 16 世紀在歐洲盛行。提倡人文主義精神，肯定人的價值和尊嚴，主張人生的目的是追求現實生活中的幸福，倡導個性解放，反對愚昧迷信的神學思想，認為人是現實生活的創造者和主人。文藝復興運動帶來了一段科學與藝術革命時期，揭開了近代歐洲歷史的序幕，被認為是中古時代和近代的分界。馬克思主義史學家認為其是封建主義時代和資本主義時代的分界。

當下這場互聯網革命和其背後的互聯網思維，由「CEO」這類人的思辨引發。最典型的 CEO，就是蘋果公司的創始人賈伯斯。他並非擁有真正偉大的物質發明，個人電腦和智慧手機都不是他原創，他的偉大在於定義了「CEO」這個角色，並把「互聯網思維」運用到了極致。如今，這個思維已經不再局限於互聯網，與當初人類史上的「文藝復興」一樣，這種思維在逐漸擴散，開始對整個大時代帶來深遠的影響。不只 CEO 或程式設計師，所有傳統商業都會被這場互聯網思維浪潮所影響、重塑乃至顛覆，這筆寶貴的思想財富將會造福各行各業。

當今時代正處於第三次工業革命的「後工業化時代」，意味著工業時代正在過渡為互聯網時代。工業時代是以大規模生產、大規模銷售和大規模傳播為標誌的，企業和商家合夥向消費者傾銷自己的產品和服務，儘管也會根據市場反應進行調整，但這是一個非常緩慢的週期。而互聯網時代，傳統銷售與傳播環節已經變得不再重要，企業將直接面對消費者，消費者反客為主，擁有了消費主權，企業必須以更廉價的方式、更快的速度以及更好的產品與服務來滿足消費者需求，「顧客是上帝」不僅僅是一種終端服務概念，而是整個設計、生產、銷售鏈條的原則。

互聯網時代的商業思維是一種民主化的思維。消費者同時成為媒介信息和內容的生產者和傳播者，透過買通媒體單向廣播、製造熱門商品誘導消費行為的模式不成立了，生產者和消費者的權力發生了轉變，消費者主權時代真正到來。

任何一個大型技術革命，早期大家總是高估它的影響，會有一輪一輪的泡沫；但是中期大家往往會低估它的影響，覺得這些不過是概念而已。當你覺得它是概念的時候，它已經開始生根發芽，開始茁壯成長。現在，我們處在什麼時期呢？

註①迭代：迭代是重複過程的活動，其目的通常是為了趨近並到達所需的目標或結果。每一次對過程的重複被稱為一次「迭代」，而每一次迭代得到的結果會被用來作為下一次迭代的初始值。

第三節

傳統企業的互聯網轉型，是一項系統工程

傳統企業「觸網」的四大盲點

由於工作原因，筆者會接觸到大量傳統企業的老闆和管理團隊，發現很多人對互聯網轉型都有一定的誤解。這裡幫大家做一下整理。

一.微信、微博行銷不等於網路行銷

對於網路行銷的看法，筆者見到的傳統企業主大致分為兩類，一類是不以為然，漠然視之，「我有很多朋友都做了，沒看到啥效果」，看不到這些行銷方式有什麼價值；另一類則是「病急亂投醫」，什麼流行就追什麼，微博流行就玩微博，微信流行就做微信，生怕自己的企業落伍了。這兩類企業主的看法，並沒有把握住網路行銷的本質，微信、微博行銷並不代表網路行銷，它們只是互聯網產品的形態。網路行銷的本質還是行銷，要想做好網路行銷就必然要做好整個行銷體系，包括品牌定位、產品定價、通路（渠道）（註①）建設和服務體驗等。如此，在傳播環節運用互聯網行銷工具，才有可能有針對性地提升傳播效率。

二.網上開店不等於電子商務

傳統企業做電子商務可能是時下最火熱的商業動作了，與每一個傳統企業主溝通，基本上談的都是電商問題。但是，太多傳統企業對電商的認知還停留在表層，很多人都以為入駐淘寶、京東或自建網路商城，就算做電商了。這是多麼大的誤解！

電商是什麼？「企業利用電子網路技術和相關的技術來創造、提高、增強、轉變企業的業務流程或業務體系，使之為當前或潛在的客戶創造更高的價值。」

電商是一種方法而非目標。增加銷售當然是最重要的目標之一，但絕不是電商的唯一目標。傳統企業應認知到電商具有五大價值：增加和顧客的互動交流、線上品牌拓展、增加服務價值、降低成本、增加銷售，如果讓銷售一葉障目，就極易陷入開網路商店、出更多產品、打價格戰的圈圈中。增加和顧客的互動交流、線上品牌拓展、增加服務價值才是傳統企業發展電商之因，而增加銷售和降低成本是隨之而來的果。否則，增加銷售不過是無源之水。

電商戰略不能等同於通路（渠道）戰略。如果把線上業務僅當做最底層的通路銷售策略而非企業戰略，就一定會忽視消費行為的全過程、消費者滿意度、品牌策略，就會輕視諸如諮詢、反饋（註②）、互動、供應鏈管理、用戶體驗、企業形象、線上增值服務等能給核心業務和流程帶來根本性變化的機遇。

三 . 信息化不等於互聯網化

信息化是企業內部行為，比如內部使用 OA 進行協同辦公，或者安裝了 ERP、CRM 等管理軟體。而互聯網化指的是企業在經營過程中，更加注重「人」的作用。這裡的「人」既包括企業內部員工也包括企業外部的用戶，即消費者、供應商、合作夥伴等利益相關者。

在傳統的信息化時期，企業強調的是如何用技術使得內部生產和外部銷售更加智慧化、專業化；而在互聯網化時期，企業必須認知到員工在生產和銷售中的作用，也必須重視用戶和其他利益相關者的反饋。舉個例子來說，在社交媒體平台上，企業員工的一舉一動都有可能給企業帶來重大影響，而消費者在社交媒體上對企業的評論則可能給企業帶來口碑或者危機，甚至消費者不再滿足於企業生產什麼就購買什麼的舊有模式，開始向企業「訂製」自己的購物需求，企業與消費者之間由 B2C 向 C2B 逐步轉變，這是企業互聯網化的特有現象。

在企業業務處於規範化管理、精細化營運階段，企業 IT 往往處於信息化階段，IT 僅僅是模塊化、功能化的工具，主要關注內生問題。IT 所扮演的角色，基本為業務支援、內部服務兩種。

伴隨著商業社會的發展，尤其是互聯網和各種新興信息技術對傳統商業模式的衝擊，企業業務已經逐漸發展至價值鏈整合、持續創新發展階段，企業 IT 進入互聯網化階段，IT 系統逐漸外化，並直接面對終端用戶，企業 IT 也隨之走向合作、驅動業務層面。

四 . 外包方式不能根本解決人才瓶頸

對於電商營運和新媒體行銷這兩塊業務，很多傳統企業沒有合適的人才團隊去運作，所以多選擇外包，找第三方的電商或者新媒體代銷公司，這一點無可厚非，但是，這並不能從根本上解決問題，甚至還會帶來負面的影響。

最主要的負面影響就是：如果長期依賴第三方代營運公司，那麼傳統企業會愈來愈缺乏這方面的人才！未來，所有企業都將成為互聯網企業，如果沒能培養出對互聯網深度理解並且具備電商營運和新媒體行銷能力的人才隊伍，企業是發展不長遠的。何況很多第三方代營運公司又不只是服務你一家客戶，經常一個團隊會服務多家客戶，客服、營運人員如果對你的品牌理念缺乏理解，又怎麼可能給你的用戶提供一致的用戶體驗？所以，一定要在借助第三方公司外腦和外力的同時，大力發展自己的互聯網人才，借助第三方力量是權宜之計，提升內生能力、做好企業人才培養才是長久之計。

傳統企業「觸網」的四重境界

這裏的傳統企業，多指針對 B2C 端（大眾消費族群）的消費品或者服務類企業，相對於 B2B（商業客戶）的企業，互聯網的出現，對這類企業的影響更加直接。

這些傳統企業「觸網」大致會經歷以下四個階段，或者說四重境界（見

圖 1）。

一 . 傳播層面：網路行銷

互聯網開始出現之後，出現了入口網站、BBS 等信息展示類產品，主要解決的就是信息不對稱的問題，所以，最早的互聯網商業應用就是網路廣告。即使到了現在，網路廣告仍然是互聯網公司重要的營利模式。這也是最容易被互聯網影響的價值鏈環節，無論是 Web 1.0 還是 Web 2.0，變化的是信息展示方式，從入口網站到社會化媒體，從新浪網到新浪微博，傳播效率由低到高，溝通方式由單向到雙向，不變的是行銷功能的本質。這裡的行銷，指的是傳播部分，不含產品銷售。從 BBS 到 SNS，從微博到微信，互聯網產品的變化讓傳統企業主眼花撩亂，各類名詞層出不窮，行動行銷、新媒體行銷、社會化行銷……其實無論怎麼變化，都是傳播層面的事，就是「在合適的時間，把合適的信息，以合適的形式，透過合適的媒介，傳遞給合適的人。」

圖 1 傳統企業「觸網」四階段

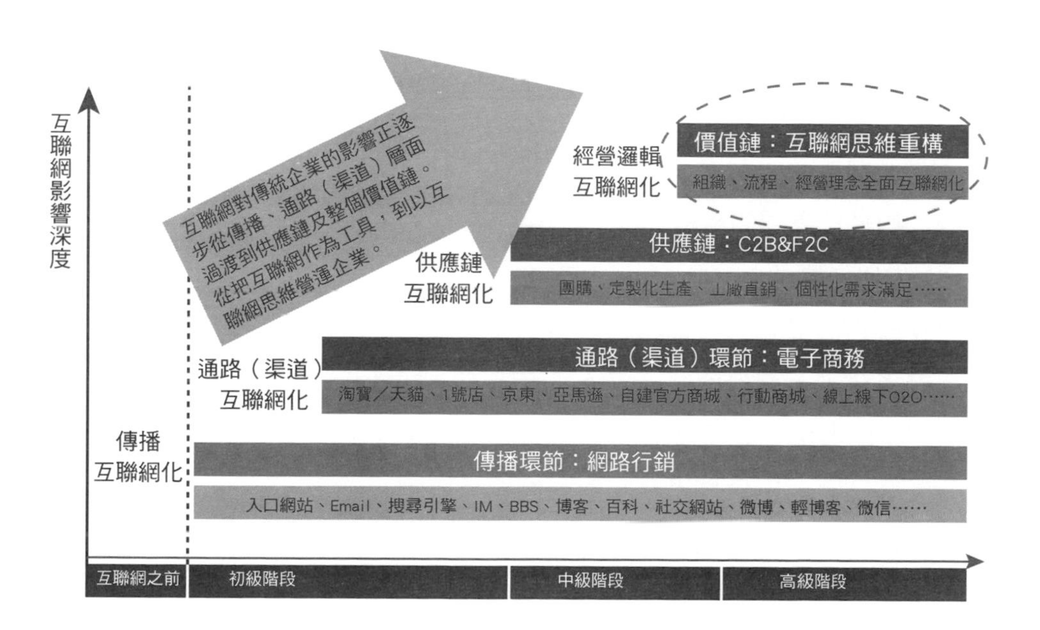

二 . 通路（渠道）層面：電子商務

電子商務實質意義上的元年，應該是 2003 年。第一波互聯網浪潮之下的 8848 網站，生不逢時，當時的互聯網環境和消費環境，還難以支撐電商企業的生存，2003 年 SARS 之後誕生的一批電商網站，如淘寶等，才真正開啟了全面電商浪潮。

電商的理想狀態應該是一種全通路（渠道）電商。所謂全通路，就是利用所有的銷售通路，將消費者在各種不同通路的購物體驗無縫聯結，最大化消費過程的愉悅性。它既有電子商務固有的優勢，如豐富的產品、搜尋、比價、社群互動、顧客評價等，也有實體店鋪的優勢，如體驗、面對面的諮詢溝通、更佳的環境氛圍等。這也就意味著，品牌商應該在各個通路、各個終端，給消費者提供一致的消費體驗。

傳統企業做電商，應該做到內外部的協同。「外部協同」是指企業要在客戶面前表現一致，無論他們購買什麼、怎樣購買和如何選擇。「內部協同」則需要建立一個儲存所有客戶和產品信息的統一數據庫，不能分別存放到不同的業務單位、地區部門和職能部門中，要打破職能部門、產品機構、業務單位和地區部門的內向邊界線，促進業務協同效率。企業要思考基本的問題：客戶在全通路（渠道）電商形態下的購買行為是什麼？並以此來改變產品、業務單元和區域導向的組織架構。

三 . 供應鏈層面：C2B

在互聯網深度影響了傳播和通路（渠道）環節之後，產品和供應鏈環節也開始被重構了。透過前端與消費者高效率、個性化、精準的互動，加速推動生產方式的柔性化以及整條供應鏈圍繞消費者的全面再造。

對於製造業，用戶透過互聯網更加能參與到企業產品研發和設計環節，為企業決策做後盾，典型的就是小米機；對於服務業，用戶會透過互聯網將用戶體驗的建議反饋給服務提供方，為服務優化提供支撐，如透過大眾點評給餐飲店的菜色提建議促其改進，這兩種模式，就是典型的 C2B 模式。C2B

模式，是典型的消費者驅動模式。工業時代的商業模式是廣義上的 B2C 模式——以廠商為中心，而信息時代的商業模式則是 C2B ——以消費者為中心。

C2B 模式目前影響最深的是供應鏈端，而後將對整個企業的架構帶來影響。C2B 模式的支撐體系主要是三個方面：個性化行銷、柔性化生產、社會化供應鏈。在行銷環節，互聯網的發展大大提高了個性化行銷的效率；在流通環節，淘寶等大型網路零售平台，正在快速成為零售基礎設施，並且開始能夠逐步支撐起「多品種、小批量」的範圍經濟；在生產環節，「多品種、小批量、快翻新」的消費需求愈來愈走向主流化，大量分散的個性化需求，迫使各家企業在生產方式上具備更強的柔性化能力。

在互聯網普及之前出現的供應鏈體系，很大程度上是一種以降低成本為導向、協作範圍相對有限的線性供應鏈。由於供應鏈天然的社會化協作屬性，今天這種供應鏈形態正面臨著如何「互聯網化」的巨大挑戰。互聯網的最大優勢，在於它可以支撐大規模、社會化、即時化的分工與協作，它極大地提高了消費者、企業以及企業之間的協作效率，原來的金字塔結構或鏈狀結構，正被壓縮在一個扁平化的平面上，最終，這使得個性化需求能夠愈來愈直接地觸發各家企業協同組成的高效價值網。當線性供應鏈被互聯網改造成信息驅動的網狀協同價值網時，也將意味著一種全新高度上的分工與協作社會化供應鏈體系的建立。

只有完成供應鏈重構，才是真正的 O2O。O2O 這個概念最近又狠狠地火了一把，我們覺得有必要做一個概念界定，免得大家混淆了。最早期的 O2O 比較簡單，是單向的傳輸，線上的 O（online）側重引導流量，線下的 O（offline）側重體驗感較強的服務行業。所以早期的 O2O 就是線上做廣告，把流量引導至線下。

現在的 O2O 有兩層涵義。第一層：線下的生意搬到線上去做，就是傳統意義上的電子商務；第二層：線上聚合消費者需求，反過來影響線下的銷售和生產。淺層的模式如團購、預售，透過聚合消費者需求然後集中釋放，影響銷售環節。深層的就是 C2B 模式，透過線上聚合消費者個性化需求，影響到研發和生產環節，淘品牌「七格格」讓用戶給擬生產的服裝款式投票，小米系統在用戶的意見反映下進行每周更新，都屬這個層面的 O2O。從這個意義上來說，O2O 這種線上線下結合的模式，分別體現在傳播、通路（渠道）和供應鏈這三個層面，也是傳統企業互聯網化的前三種境界。

未來最有價值的 O2O 模式，就是這種精準聚合消費者個性化需求進而優化供應鏈端的 C2B 模式。對製造業而言，意味著庫存成本大大降低；對服務業而言，會提升服務的體驗價值，服務鏈條的營運效率會更高。什麼叫重構？就是將傳統行業中的供應鏈節點上原本某個必需的點砍掉，或者顛倒某兩個點的順序。最早的 O2O 是對信息的聚合與分發方式的重構，就是我們所說的傳播環節互聯網化，比如微博、微信等新媒體在信息層面上對傳統媒體的重構，使人們獲取信息和傳播信息的方式都發生了變化。當下的 O2O，重點體現在對供應鏈端的重構，做不到重構的，和以前的報紙打廣告然後引流量到線下就沒什麼區別。所以各位不要被鋪天蓋地的概念給迷惑了，不是餐飲店開個微信就是 O2O 了，這個還太弱了，他們只是把餐飲企業常規經營活動上的某個環節拿出來，想方設法用互聯網化的手段去提高這一點的營運效率而已，大部分都是用這個概念來行銷罷了。

四 . 價值鏈層面：互聯網思維重構

傳統企業互聯網化的最高境界，就是用互聯網思維去重構企業經營的價值鏈。

索尼（SONY）CEO 平井一夫曾說道：「索尼不缺互聯網思維，很多產品都有網路功能。最具代表性的是遊戲產品，因為遊戲要用網路來傳輸，我們的遊戲下載平台有許多用戶，我們在互聯網產品上有經驗和人才。」就連曾經的巨頭索尼，對互聯網思維的理解也不夠深入。絕不是你的產品連上網、具有網路功能就代表你有互聯網思維，也不是你的產品透過互聯網通路（渠道）銷售就代表你有互聯網思維，互聯網思維是一個體系，是一整套的思考方式。這也是本書要重點探討的內容。

傳統企業的互聯網轉型，在經歷了傳播互聯網化、通路（渠道）互聯網化和供應鏈互聯網化之後，必然要經歷整個經營邏輯的互聯網化，也只有完成了整個經營邏輯的互聯網化，才可能真正做到轉型成功。

蘇寧是中國傳統零售業巨頭，從其近期的一系列動作，不難看出其向互聯網轉型的決心和魄力。蘇寧張近東有一篇演講這樣寫道：「蘇寧不是一個傳統零售公司，而是一家互聯網零售商。互聯網公司有互聯網的玩法，蘇寧正在自上而下適應這種玩法，我們就是一家互聯網企業。如果蘇寧不融入互聯網時代，一定會被淘汰，向互聯網轉型就是要做到從骨子裡的改變。開放並不是一個簡單的課題，必須要從企業根本、企業文化上突破，蘇寧一定會開放，但這是一個漸進的過程，我們要從骨子裡去改變，去擁抱互聯網，而不只是去追求一些表面的東西。蘇寧確實真正在從骨子裡進行轉變，比如組織體系的變革、股權激勵、技術研發投入、互聯網人才引進、打造開放平台、在矽谷大筆投資研發中心等。我們在改變傳統，以開放的心態擁抱最先進的互聯網技術和人才，這才是互聯網文化的核心。蘇寧全面的互聯網化，其本質就是要按照開放平台的方式，把企業資源最大限度地市場化和社會化，從而集聚品牌商、零售商和服務商的資源與智慧，打造一個共贏的平台，為消費者提供最豐富的產品和最優的體驗。」

蘇寧「從骨子裡轉型互聯網」的本質，就是用互聯網思維去重新打造企業經營價值鏈的各個環節。

傳統企業互聯網轉型三部曲

傳統企業互聯網轉型是一項複雜的系統工程，不可能一蹴而就。在對所在行業發展特徵和本質深度理解的基礎上，需要透過系統的互聯網思維體系，來構建一套線上線下相生互動的全媒體行銷體系和電子商務體系，並設計出面向互聯網的商業模式、組織結構和企業文化。這裡總結了「三部曲」，也是傳統企業互聯網轉型必須要邁過的三道門檻。

一 . 企業家的互聯網思維切換

企業家是企業成長和發展的天花板，一個企業能做多大，首先取決於企業家的抱負、追求與境界，這就是「企業家封頂」理論。「企業家封頂」理論在互聯網轉型中依然適用，如果一個企業的企業家沒有意識到互聯網轉型的迫切性與重要性，沒能完成自身的互聯網思維切換，那麼這個企業要想成功轉型基本是不可能的。

二 . 組織的互聯網思維變革

在企業家完成互聯網思維切換之後，整個管理團隊和員工能否完成這樣的思維切換？這實際上是組織命題。組織裡的人才培養、制度設計和文化建設，是否按照互聯網思維的要求來變革？人的思維方式，時間長了就成了慣性；組織的思維方式，時間長了就累積為組織基因，改變一個人的思維都不容易，何況要改變一個組織的思維！這個過程非常難，也非常痛苦。

就像新東方創始人俞敏洪說的一樣，改變自己的慣性思維非常難，但是現在已經不得不去改變，而且要動員團隊一起去改變，如果改變不了，那麼就只能眼看著被一批批新生代同業超越。

三 . 業務的互聯網思維重構

在企業家和整個組織都完成了互聯網思維切換之後，就是業務層面的互聯網化。我們怎樣利用互聯網思維去思考我們的業務營運？這個層面相對容易解決。怎樣設計產品和服務？怎樣打造用戶體驗？怎樣做品牌傳播？這一系列都是有一定規律可以遵循的。

互聯網思維，重塑傳統企業價值鏈

著名管理學家邁克爾・波特（Michael Porter) 基於工業化生產流通體系，

在企業經營管理方面提出了「價值鏈」理論（見圖 2）。而在互聯網經濟日益蓬勃發展的今天，這套理論的適用範圍將愈來愈受到限制。互聯網的發展，使得大數據、雲端運算、社會化網路等技術成為基礎設施，用戶和品牌廠商之間得以更加便捷地連接和互動，不再只是銷售或服務人員去面對終端用戶，用戶愈來愈多地參與到廠商的價值鏈條各個環節。那麼，在互聯網時代，為了更快、更好地滿足用戶需求，傳統的價值鏈模型就會被互聯網技術和思維進行重構，經過互聯網化改造的「價值鏈」（見圖 3），最終變成互聯網化的「價值環」（見圖 4）。

圖 2 邁克爾・波特的「價值鏈」模型

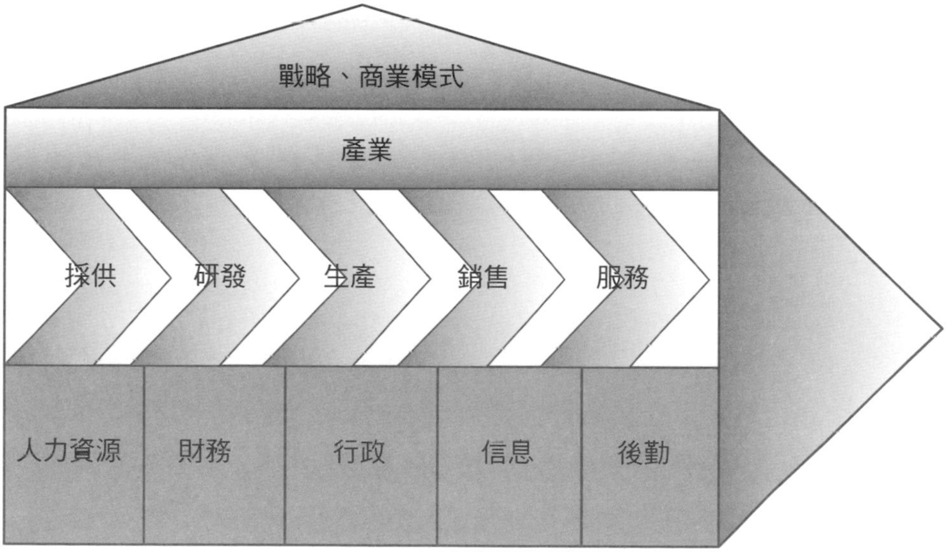

圖 3 互聯網思維「獨孤九劍」模型（1）

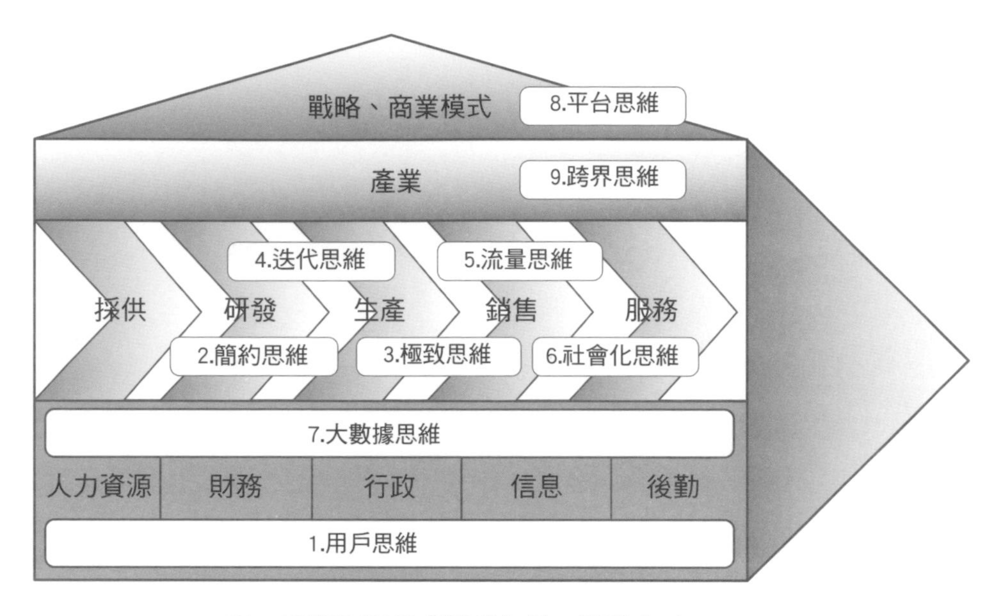

圖 4 互聯網思維「獨孤九劍」模型（2）

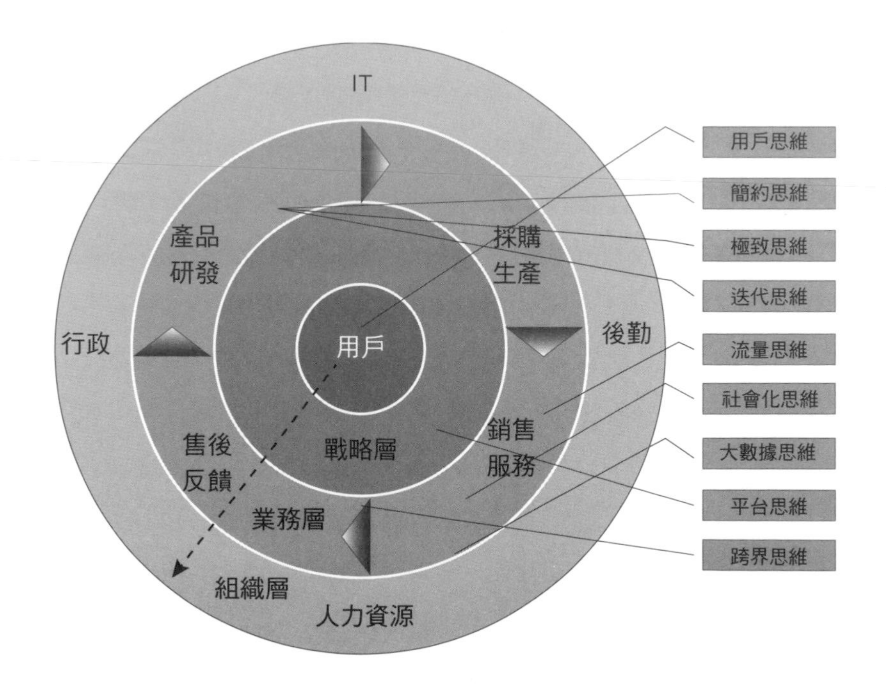

「價值環」的圓心是用戶。戰略制定和商業模式設計要以用戶為中心，業務開展要以用戶為中心，組織設計和企業文化建設都要以用戶為中心，戰略層、業務層和組織層都圍繞著終端用戶需求和用戶體驗進行設計，這就是互聯網時代的「價值環」模式。

其中，在業務層面，用戶端和供應鏈端連接起來，形成了一個閉環，將不斷地實現價值動態的傳遞。用戶將需求反饋至研發生產，研發生產形成產品或服務再傳遞到銷售端，銷售端透過接觸用戶又形成了二次的循環，這種經過互聯網思維改造的價值環模式，將對傳統商業生態和商業理論帶來深刻的影響。價值環要求我們必須要持續不斷地關注用戶需求、聆聽用戶反應並且能夠適時做出回應，這是未來企業建立商業模式的基礎。

經過以上演繹之後，互聯網思維「獨孤九劍」改造傳統企業價值鏈的模型就此出爐。 什麼叫獨孤九劍？除了 9 點內容，還有一個原因，風清揚大俠的獨孤九劍重在劍意，不在一招一式，更強調心法，與互聯網思維比較類似，且獨孤九劍的作用就是為了破除天下各門各派武功而生，也暗合互聯網思維這套心法能夠重塑乃至顛覆各類傳統行業。

那麼，我們就來看看這套獨孤九劍到底是什麼？

（1）用戶思維：指對經營理念和消費者的理解。用戶思維貫穿企業營運的始終。在「以廠商為中心」的工業經濟背景下，往往是廠商主導，傳播方式是廠商自說自話，消費者無法參與產品研發。在「以用戶為中心」的互聯網時代，消費者的話語權日益增大，並且影響著企業各環節的決策，以小米為代表的新經濟企業，讓用戶愈來愈廣泛地參與到產品研發和品牌建設環節之中。這個時候的企業經營，要真的以用戶為中心，商業價值一定要建立在用戶價值之上。用戶思維是所有互聯網思維的核心，沒有用戶思維，也就不可能領悟好其他思維。

（2）簡約思維：指對品牌和產品規畫的理解。在用戶思維的指導下，品牌和產品該如何規畫？以往品牌廠商多習慣大而全，產品線顯得冗長，產品包裝也恨不得全列上產品賣點。而蘋果、小米這類互聯網思維下的企業，給人的感受往往是極簡元素。產品的規畫能不能做到簡約？品牌定位能不能做到專注？這些都值得傳統企業重新思考。

（3）**極致思維**：指對產品和服務體驗的理解。互聯網時代的競爭，只有第一，沒有第二，可以說非常殘酷。只有產品和服務給消費者帶來的體驗足夠好，才可能真正抓住消費者，真正贏得人心，這就是一種極致思維的體現。過剩的年代，做不到極致，就很難在市場立足。

（4）**迭代思維**：指對創新流程的理解。傳統企業推出新品多有一個長達 2 ～ 3 年的新品上市週期，而互聯網企業的產品開發採用迭代方式，在與用戶不斷地碰撞中掌握用戶需求，進而改進產品，讓產品在用戶參與中得以完善。傳統企業的新品上市能不能做到迭代？怎樣做到迭代？

（5）**流量思維**：指對業務營運的理解。互聯網企業都有很典型的流量思維，「流量即入口」、「流量就是金錢」等理念推動著互聯網企業流量為先的策略。免費又是獲取流量的典型方式，傳統企業應該如何借鏡？如何獲取流量？

（6）**社會化思維**：指對傳播鏈、關係鏈的理解。社會化商業時代已經到來，企業面對的員工和用戶都是以「網」的形式存在，所以企業經營必須要融入社會化思維。除了行銷環節的社會化媒體行銷，還有眾包（群眾外包）、眾籌（公眾集資）、社會化招聘等很多方式值得探索；社會化思維會對傳統企業的傳播鏈條、關係鏈條帶來深刻影響。

（7）**大數據思維**：指對企業資產、核心競爭力的理解。大數據成為企業的核心資產，數據挖掘與分析成了企業的關鍵競爭力乃至核心競爭力。大數據思維同樣貫穿在企業經營的整個價值鏈條。大數據核心不在大，而在於數據挖掘和預測。

（8）**平台思維**：指對商業模式、組織形態的理解。互聯網三大巨頭（百度、阿里巴巴、騰訊）分別構建了搜尋、商務、社交三個領域的生態體系，分別成為各自領域的平台組織。對於傳統企業而言，如何思考自身企業商業模式的設計？在互聯網影響下，如何完成組織制度的重新設計？如何做好創新文化的發展？這些都是這場互聯網轉型攻堅戰中的關鍵命題。

（9）**跨界思維**：指的是對產業界定、創新的理解。隨著互聯網和新科技的發展，純物理經濟與純虛擬經濟開始融合，很多產業的界定變得模糊，互聯網企業的觸角已經無孔不入，很難講阿里巴巴是一家處於什麼產業的企業，掌握了用戶和數據資產，就可以參與到跨界競爭，跨界變得愈來愈普遍。傳統企業如何去應對跨界競爭？如何發起跨界挑戰？

那，互聯網思維在這個「價值環」中如何分布呢？

一.戰略層

主要命題：怎樣確定產業定位？怎樣制定戰略？怎樣設計商業模式？

典型思維：用戶思維、平台思維、跨界思維。

二.業務層

（1）後端：產品研發及供應鏈。

主要命題：怎樣做業務規畫？怎樣做品牌定位和產品設計？

典型思維：用戶思維、簡約思維、極致思維、迭代思維、社會化思維。

（2）前端：品牌及產品行銷。

主要命題：怎樣做品牌傳播和業務經營？怎樣做商業決策？

典型思維：用戶思維、流量思維、社會化思維、大數據思維。

三.組織層

主要命題：怎樣設計組織結構和業務流程？怎樣建設組織文化？怎樣設計考核機制？

典型思維：用戶思維、社會化思維、平台思維、跨界思維。

互聯網思維，開啓新商業文明時代

傳統企業的互聯網轉型，成為2013年各大高峰論壇熱議的話題，也是整個國民經濟轉型的關鍵命題。無論是企業界還是政府層面，都表示出前所未有的關注，各類轉型峰會的核心關鍵詞，非「互聯網思維」莫屬。2013年，我們不妨稱之為「互聯網思維元年」。

過去20年，互聯網主要改變的是人們的消費行為和消費環境，可以稱之為**消費互聯網**的時代，那麼，未來20年，應該說到了**產業互聯網**的時代，每個行業都要被這樣的一種互聯網所改變，這種改變會超過工業革命帶給我們的改變。未來企業要有企業的智商和企業的運行邏輯。企業的智商就是能夠在整個互聯網上不斷獲得和加工數據的能力，企業的運行邏輯就是互聯網時代的思維方式。

早在2010年阿里集團10週年的慶典上，馬雲就以「新商業文明的力量」發表演講，稱阿里巴巴集團的使命就是去打造新的商業文明，並透過新商業文明論壇發布了《新商業文明宣言》。

其內容概要如下：

21世紀的今天，新商業文明正在快速浮現。雲端運算和泛在網正在成為信息時代的商業基礎設施；按需驅動的大規模定制，正在成為普遍化的現實；企業與社會的關係愈來愈契合，企業與消費者的關係更趨平衡；商業生態系統逐步成為主流形態；愈來愈多社會成員的工作、生活、消費與學習走向一體化；自發性、內生性、協調性正在成為網路世界治理的主要特徵。

開放、透明、分享、責任是新商業文明的基本理念。新商業文明擁有開放的產權結構與互動關係，開放是新商業文明創新的靈魂；新商業文明追求透明的信息環境，透明是新商業文明出發的起點；新商業文明倡導共有的分享機制，分享是新商業文明形成與擴散的動力；新商業文明奉行對等的責任關係，責任是新商業文明不可分割的一部分。

讓商業回歸人、回歸生活，是新商業文明的夢想。未來所有的商業運作都將圍繞著人而進行，商業將重新煥發出人性的光輝；生活的邏輯將支配商業的邏輯，不是在競爭中爭奪機會，而是要在生活中進行選擇和創造；新商業文明讓消費者成為經濟生活的主人，讓小企業也成為幸福的泉源。

未來存在於現在，預測未來的最佳方式就是創造未來！專家、企業家呼籲各界有識之士，以勇氣、智慧與持續探索，共創信息時代的新商業文明！

《新商業文明宣言》

2010 新商業文明論壇(2010 年 9 月，杭州）

到了2013年，這場新商業運動似乎愈演愈烈。這裡提到的「開放、透明、分享、責任」，是新商業文明時代的典型特徵，當然，我們所指的「新商業文明」，絕對不是某個機構拿來炒作的噱頭，而是真真切切發生在我們身邊的。當消費者主權時代真正到來，當「用戶體驗至上」成為商業運行的重要法則，我們的商業社會真的在發生變革。以互聯網科技為代表的新經濟，正在帶領我們駛向這場新商業文明時代。

「以人為核心」的互聯網思維，將是新商業文明時代的指導思想。互聯網思維成為一種新的商業智慧，未來所有的商業行為，都要以互聯網思維為起點。

註 ① 通路（渠道）：渠道在商業領域中，引申意為商品銷售路線，即商品的流通路線，台灣多稱通路，渠道為中、港用語。

註 ② 反饋：即回饋，英文為 feedback。

第一章　用戶思維

- 用戶思維是互聯網思維的核心，其他思維都是圍繞用戶思維在不同層面的展開，沒有用戶思維，也就談不上其他思維。
- 用戶思維，是指在價值鏈各個環節中都要「以用戶為中心」去思考問題。

第一節
從品牌營運到企業經營，一切以用戶爲中心

用戶思維，在價值鏈各個環節都要「以用戶爲中心」

互聯網時代的到來，使得信息生產和傳播的方式發生了變化。信息不再是由那麼一小撮人製造，我們每個人都是信息的原產地；信息不再是一點對多點的單向傳播，而成為多點對多點的多向傳播。更關鍵的是，在整個信息產生和傳播的過程中，信息不再是這張大網的核心。那麼，誰取代了信息成為了核心？

答案是：人。

因為人是核心，所以「用戶思維」成為互聯網思維的核心，而其他各種思維都是圍繞用戶思維在不同層面的展開。「以用戶為中心」的用戶思維，不僅僅體現在做品牌的層面，還體現在市場定位、品牌規畫、產品研發、生產銷售、售後服務、組織設計等各個環節。

說得通俗一點，就是用戶要什麼你就給他什麼；用戶什麼時候想要，你就什麼時候給；用戶要得少，你可以多給點；用戶沒想到的，你替他考慮到了。這就像談戀愛時，你需要有一個「女朋友永遠是對的」思維，基於這個思維衍生出的諸如「女朋友永遠最漂亮」思維、「女朋友永遠管提款卡」思維、「女朋友永遠最重要」思維等，都是圍繞「女朋友永遠是對的」思維展開的；而一旦後續思維延展不成功，只要你立刻回歸「女朋友永遠是對的」思維，便可保你萬事大吉。這與「用戶思維」在商業環境裡的應用一模一樣，一旦某天你想不明白該怎麼設計產品、怎樣行銷推廣、怎樣面對競爭，只要你立刻回歸「用戶思維」，你便不會被秒殺在殘酷的商海中。

如果把九大互聯網思維比喻成「獨孤九劍」，那麼用戶思維即是「獨孤

九劍」的第一式，即「總訣式」。「總訣式」為核心和根本，也是基本功。如果沒有深入領悟第一式，哪怕你是百年難遇的練武奇才，後面的功夫也難有精進。

「以用戶為中心」，不是剛剛冒出來的概念，很多傳統品牌廠商都在叫嚷著「以用戶為中心」、「以客戶為中心」，或者「以消費者為中心」，為什麼在互聯網蓬勃發展的今天，用戶思維顯得格外的重要？

互聯網消除信息不對稱，使得消費者主權時代真正到來

沒有互聯網的時代，如果一個用戶對消費的產品和服務不滿意，常態的反應是自認倒楣算了，下次再也不買這家的產品和服務，頂多是向周圍的朋友抱怨，提醒他們一定不要去買。這種用戶的意見只能在小範圍內傳播，對廠家的影響不大，所以不少廠家利用這種信息不對稱，大搞「買的沒有賣的精」，算計用戶，最大限度地從用戶身上竭澤而漁，即使有客戶投訴，也是能捂則捂，而不是積極改進自身的問題。

這種情況到了互聯網時代就行不通了。互聯網的特點是開放、透明、共享，消除了信息不對稱，使得消費者掌握了更多的產品、價格、品牌方面的信息。到了行動互聯網時代，**萬物的直接、適時鏈接使得信息反饋與用戶參與的成本持續降低，碎片化時間也帶來了參與時間的增加，兩者的累加效應，使得「消費者賦權」開始真正發揮威力。**

消費者在選擇產品和服務時，一般都會查詢其他用戶使用該產品後的評價，藉此來幫助自己作決策。這在互聯網之前很難做到，因為用戶很難知道除了自己，周邊人的使用情況，而互聯網信息開放以後，共享的優勢體現出來了，用戶足不出戶就可以知道全世界用這個產品的人的情況（前提是做了公開留言）。基於這種特性，消費者很願意做評價，一方面是為了自己，也是為了別人，透過這種方式促使商家提升服務的能力，淘汰不良商家。因為

在互聯網時代，如果消費者不滿意，這個負面消息將不再是在傳統時代的小圈子傳播了，有可能用戶在一個微博上發了感受，得到幾個大號的轉播，負面消息就會全面擴散，同時負面的評價可能被所有人搜尋到。潛在客戶不來購買，已經購買的來退貨，處理不好就會造成公司破產。互聯網時代的口碑異常重要，商家也尤其重視，不少老闆甚至每天親自盯著主要的評論網站，如淘寶等。這樣，用戶不好唬弄了，就必須要以實事求是的態度來對待，你不完美沒關係，世界上本來就沒有完美的東西，用戶要的是適合他的。這樣，就會促使廠商對用戶「以誠相待」了。

從工業社會到互聯網社會，從亞當・斯密（Adam Smith）到海耶克（Friedrich August von Hayek），消費者一直是所有經濟活動的原點，他們才是真正的主角，任何企業都必須傾聽消費者的聲音。我們從廠商和零售商霸權的時代進入了一個新時代，這就是消費者主權時代。

SoLoMoPe 消費族群

「**SoLoMoPe**」，是四個英文單字「**Social**」、「**Local**」、「**Mobile**」、「**Personalized**」的縮寫結合體。在消費者主權時代，消費者行為最大的特點是社交化、本地化、行動化和個性化，這也就意味著品牌行銷必須在全社交媒介、全銷售通路（渠道）和全消費時段以個性化的方式去迎合消費者需求。

全社交媒介：在「一切產業皆媒體」、「人人都是媒體人」的時代到來之際，全民社交化所產生的巨大能量，是每個品牌都不容忽視的，無論是正面還是負面的信息，都會在社交媒體中迅速傳播。這種全社交媒介的品牌與消費者交流模式，顛覆了傳統的顧客關係與個性化行銷的方式，也促使品牌商必須在各種媒介都要「以用戶為中心」去做品牌溝通，而不僅僅是品牌單向傳播。

全通路（渠道）銷售：零售企業在實體商圈不再足以影響消費者。消費者對購物、娛樂、社交的追逐充斥在網絡商城、行動終端等每一個他們可以接觸的管道，在地鐵站、在醫院、在球場，零售企業都能找到與消費者交流的新方式。不斷湧現的新技術及其周邊應用為消費者帶來了愈來愈豐富的零售體驗模式，這就要求品牌商和零售商必須「以用戶為中心」去搭建銷售通路（渠道），時下盛行的 O2O 模式就是這個道理。

全消費時段：傳統零售企業是朝九晚五，而電子商務是 7×24 小時營業，很多傳統零售商因此受到了巨大的衝擊。而行動互聯網的出現對這種模式的衝擊更大，行動加劇了購物時間的碎片化，購物時間從定期到隨時，消費者將隨身隨時隨地進行消費。淘寶的一份報告顯示，淘寶的十二大消費群中，最大的消費群體是「夜淘族」，有 2200 多萬人，他們半夜爬起來，在 0 點～5 點下訂單。今天我們大量的消費者利用每天的碎片時間購物，定期每個月到我們的百貨店、每週到我們的超市、每天坐在電腦旁購物的人開始減少，這都給傳統零售模式帶來了巨大的挑戰，也反過來要求品牌商和零售商時刻都要「以用戶為中心」。

個性化消費：80 後、90 後的消費者，愈來愈追求個性，在個體時代，沒有價值觀的品牌，將不會被記住。嚮往深度自我的年輕人，欽佩的是身邊的大神，按照年輕人自己的話來說，「我希望有人感同身受，可以指點我的生活，但不希望有人對我的生活指指點點。」之前品牌的溝通，習慣超脫日常生活，以符號化的方式，完美呈現生活方式。這樣的溝通，要麼讓年輕人覺得「無感」，要麼就是顯得過於「裝」。那麼，品牌商和零售商面對這些年輕人的時候，就必須要尊重他們的個性。

既然消費者行為變得如此「SoLoMoPe」，那麼我們的觀念也一定要隨之轉變。互聯網不再僅僅是一個通路（渠道）和媒介，它更是一種商圈，這個商圈有一群活生生的人，是一群活生生的消費者。一定要以這群人形成的互聯網商圈為基礎，去思考我們的通路（渠道）選擇、媒介選擇和溝通方式。

互聯網的存在使得市場競爭更為激烈，市場由工業時代的廠商主導轉變為互聯網時代的消費者主導，消費者「用腳投票」的作用更為明顯。廠商必須從市場定位、產品研發、生產銷售乃至售後服務整個價值鏈的各個環節，建立起「以用戶為中心」的企業文化，不能只是理解用戶，而是要深度理解用戶，只有深度理解用戶才能生存。**沒有認同，就沒有合同。商業價值一定要建立在用戶價值之上。**

用戶思維的三個法則

在行銷理論中，筆者認為最精練的模式就是「Who-What-How」這個品牌營運模式。主要回答三個問題：第一、你的目標用戶是誰？第二、目標用戶要什麼？第三、怎樣滿足目標用戶的需求？不僅品牌營運，所有的行銷企業經營問題都可以歸結到這個體系內。

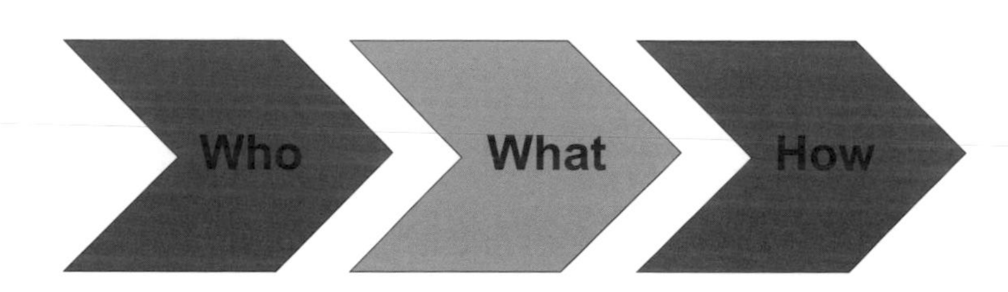

- Who：目標用戶是誰？（市場定位）
- What：目標用戶要什麼？（品牌和產品規畫）
- How：怎樣滿足目標用戶需求？（體驗打造）

在互聯網思維的背景下，我們如何來回答這三個問題？

從市場定位來看，要找到並聚焦我們的目標消費者，互聯網是典型的長尾經濟，那麼我們就一定要服務好互聯網時代的「長尾人群」。所以我們提出得「Loser」（註①）者得天下。

從品牌和產品規畫來看，需要找到目標消費者的需求，不僅僅是功能的需求，更重要的是情感的訴求，要清楚地洞察他們到底想要什麼，做到感同身受。互聯網時代的網民，主要由新一代的年輕族群構成，他們的自我意識強烈，好惡感明顯，他們希望自己的聲音被人聽到，包括品牌廠商，他們注重這種參與的感覺。所以，在品牌建立的整個過程，要讓他們廣泛地參與進來，即「兜售參與感」。

從體驗打造來看，怎樣滿足消費者的需求？互聯網經濟也是典型的體驗經濟，說白了就是用戶感受說了算。所以在品牌與消費者溝通的每一個環節，都要注重用戶的感受，售前的諮詢、售後的服務、產品包裝給人的感覺、購買的管道、認知的媒介等，都是構成消費者體驗的一個部分，所以我們認為，在品牌與消費者溝通的整個鏈條，都要貫徹「用戶體驗至上」。

註① Loser：現為網路諷刺用語，泛指生活輸家。台灣取諧音稱「魯蛇」，中、港則稱「吊絲」。

第二節

法則 1——得「Loser」者得天下

這條法則講的是市場定位和目標族群選擇。

首先區分一個概念，用戶與客戶。用戶一般指的是終端消費者，是產品或服務的最終使用者；客戶是指產品的購買者。**在商業價值鏈條中，離終端用戶愈近愈有價值，愈容易形成產業鏈的控制力**，終端用戶往往是產業鏈條的起點。用戶與客戶，有的時候，二者就是一類族群；有的時候，二者會有所區隔。如互聯網中的廣告盈利模式下的網站，用戶是免費瀏覽網頁的網民，網站透過聚焦大量網民後形成媒體價值，向第三方兜售廣告，在這個模式中，用戶是網民，客戶是廣告主。網民其實是被販售的商品，不關注用戶，就是不關注你的商品和服務，那麼就無法吸引廣告主，無法兜售商品。

誰還記得當年的百度，只不過是一個技術服務商，給入口網站（如新浪）提供搜尋引擎技術支援。但是百度為了自身發展，找到了自己的用戶（廣大網民），得罪了自己的客戶（新浪），最後不但沒有被新浪擠掉，反而市值遠超新浪，所以李彥宏現在會意氣風發地講商業模式的重要性。當年百度顛覆的就是「以客戶為中心」的模式，變成「以用戶為中心」的模式，才有了百度後來的輝煌。

所以我們在做市場定位的時候，一定要基於產業鏈和價值鏈來思考問題，而不能僅僅停留在其中某一個環節。終端用戶既然最有價值，選擇什麼樣的終端用戶群，就是市場定位的核心命題。

「 Loser」是一種長尾經濟

互聯網經濟就是一種「長尾經濟」，也就意味著我們的市場定位尤其要關注「長尾族群」的訴求。「長尾族群」以前指的就是「草根一族」，以時下網路流行用語而言，基本被「Loser」一詞取代。這類族群是互聯網上的「長尾」，他們單個消費能力不強，但是透過互聯網聚合起來，就會產生強大的消費能力和影響力。

國內互聯網網民的社會結構是紡錘形的，即中產及以上收入族群和底層收入族群占少數，而中間的白領族群占多數。但按總體消費能力來分，卻極有可能是啞鈴型的，即兩端大，中間小。自稱「Loser」的人從 60 後到 90 後不等，其中最具代表性的是 80 後的年輕人，占 80% 以上，其次是 70 後，再次是 90 後。很多產品在做市場定位的時候，並沒有盯在所謂的「高大上」（註①）族群，而是抓住了「Loser 群體」、「草根一族」的需求。

作為中國最大的網路視頻卡拉 OK 聊天社區，9158 擁有可供多人視頻的聊天室，用戶可以在聊天室裡唱卡拉 OK、聽歌、玩遊戲等。其模式是在網路的虛擬視頻聊天室中，由網站設計聊天室如跳舞、唱歌、喝酒等活動，吸引普通用戶付費使用喝采、送花等追隨功能。9158 上的主播可能有幾萬、幾十萬的粉絲，每個粉絲花幾毛錢或者幾塊錢送她虛擬禮物，或者在主播生日當天送上「虛擬」飛機這樣的禮物等。9158 幫助三、四線鄉鎮網民和城市打工者解決了枯燥工作之餘的娛樂需求，對平時沒有多少社交關係的人，恰恰為其在線上重新建立起了一套社交關係。目前，9158 及其下多個網站合計擁有兩萬多個視頻聊天室，註冊用戶 1 ～ 2 億人，活躍用戶 2、3 千萬人，可同時上線約 70 萬人，每月營業收入接近 7000 萬元人民幣，占全行業收入的 70％。平台上匯集了大量的草根明星和平民偶像，向用戶提供自我展示的空間，是紅人、歌手、草根明星的重要發源地之一。充分發揮網路的線上交友、網路 K 歌、線上教學、線上炒股、同城交友等功能。

「Loser」不單指生活狀態，更是一種心態

我們這裡所說的「Loser」，有兩種涵義：一種是「真Loser」，一種是「偽Loser」。「真Loser」往往表現在生活狀態上，「偽Loser」多展現在心態上，從這個意義上講，似乎有一種「全民Loser」的感覺。

這是網上流傳很廣的一個段子：

@胡泳：再白骨精（註②）的人，一去醫院就成了Loser。

@guleixibian：再裝的小清新，一擠火車就現了原形。

@Girlonly—K：再棒的創意，一遇到甲方就都成了Loser。

@Caiden_wine：再棒的男人，見了自己心儀的女生瞬間就成了Loser。

@史提芬何：再棒的員工，一見薪資單就成了Loser。

@海瀾風輕：再棒的司機，一見到新手上路就成了Loser。

@新周刊：再有權威的領導，一見上級領導就成了Loser。

@塵埃墨土：再耍橫的兒子，一見幼稚園老師就成了小Loser。

@聞一哥：再嚴厲的老爸，見到爺爺就成了Loser。

@翻滾吧澤西：再棒的畢業生，到社會上了就成了Loser。

@靜水深流2010微博：自認理性堅強的人，一犯頸椎病就成了Loser。

@新銳國際有限公司：再有雄心的創業者，一見投資人就成了Loser。

@何嘉琪Monni：再能說善道的小販，一見警察就成了Loser。

所以，「Loser」不僅展現在生活狀態上，更是一種心態，他們身分卑微又追求認可，他們尋求**「存在感」**、**「歸屬感」和「成就感」**，這樣的族群，在目前中國網民中，占了絕大多數的比例。在日本和韓國有一類族群叫「草食男」，他們現在不買奢侈品，也不買車子、房子，甚至也沒有興趣交女朋友，他們每月最大的興趣是將收入的3成都花在各種精神滿足上，包括線上遊戲、

動漫、各式支付服務、付費服務和虛擬物品的購買上，這類「草食男」族群，我們可以視為是日本和韓國的「Loser 群體」。在中國有5億～6億草根族群，收入水平不高，屬「真 Loser」族群；但「偽 Loser」也大有人在。有這麼一句話說得很到位：這是一個人人自稱「Loser」而骨子裡自認是「高富帥」和「白富美」的時代。在這種說法的背後，其實就是典型的「Loser 心態」，是一種對於存在感、成就感、參與感、歸屬感的渴求。「Loser 群體」喜歡什麼、需要什麼，只要你在中國做互聯網，就必須特別重視，騰訊 QQ、阿里巴巴、淘寶網、微信、小米，莫不如此。事業要想做大，就必須抓住「Loser」族群，必須了解這類族群的心態和需求。挾「Loser」才能成霸業。

互聯網讓「小衆」變成「長尾」

在以往的觀念裡，「Loser 族群」實際上是邊緣化的非主流族群，無論是「真 Loser」還是「偽 Loser」。那麼互聯網的一大特性就是讓「非主流」可以成 「主流」，可以讓「小眾」變成「長尾」。

怎麼說呢？互聯網的「長尾效應」使然，即使再小眾的產品，在互聯網的聚合作用下，你都能找到和你愛好相同的一大群人，提供這種小眾產品或服務的商家依賴這部分族群就能發展得不錯。

最後總結一下，得「Loser」者得天下，這裏有三層涵義：**第一我們要充分重視真正的「Loser 族群」，他們透過互聯網聚合起來的消費能力是驚人的；第二要了解「Loser」心態，在歸屬感、存在感和參與感上下功夫；第三要意識到互聯網「長尾經濟」的厲害，任何一類人透過互聯網聚合起來的能量都不容小覷。**

註 ① 白骨精：取白領、骨幹、精英之意，指三高白領、中產階級女性。

註 ② 高大上：大陸網路用語，為高端大氣上檔次的縮寫。

第三節

法則 2 ——兜售參與感

小米銷售的是參與感，這才是小米祕密背後的真正祕密。

——小米創始人 雷 軍

「參與感」這個詞在小米公司被強調和廣泛傳播。為什麼如此強調「參與感」？這與互聯網時代成長起來的年輕消費族群的消費特性有關。他們自我意識強烈，對產品和服務的需求不再停留於功能層面，更想藉此表達自己的情感。既然用戶的需求發生變化，那麼品牌商的溝通訴求自然也要隨之改變。

在互聯網時代，每個消費者都可能和素未謀面的消費者在某個購物社交網站中相互交流，分享他們的消費主張，形成物以類聚、人以群分的消費社群。他們渴望參與到供應鏈上游活動（如採購、設計甚至製造）的決策，參政議政。Amazon 每次的董事會，總有一把空著的椅子，就是留給他們的顧客的，他們認為顧客是董事會的一員，應該主動邀請他們參與企業的決策。

說到底，「Loser 群體」需要什麼，我們就應該提供什麼。「Loser」需要的是參與感，我們就應該把這種參與感傳遞到位。參與感是用戶思維最重要的體現，主要包括兩方面：一方面讓用戶參與產品研發與設計，即 C2B 模式；另一方面是讓用戶參與品牌傳播，即粉絲經濟。

C2B 模式：讓用戶參與產品創新

C2B 與傳統的 B2C 模式正好相反，強調了消費者的主導作用。C2B 模式有兩個層次，團購、預售屬於淺層的 C2B，僅僅是聚合了消費者需求之後集中釋放，而沒有重構供應鏈。還有一種深層的 C2B 模式，不僅聚合了消費者需求，還根據消費者個性化的需求完成了供應鏈重構，讓用戶參與產品的研發和設計環節。

阿里集團首席營運長張勇認為：真正的 C2B 是真正地利用消費者需求的聚合，能夠改變整個供給模式，提升效率。這樣的變化，是未來 C2B 的核心，是電子商務的方向，才能最終給企業帶來新的效益。

以消費者為中心的 C2B 模式，將成為未來商業模式的主要代表。

有人把 C2B 模式稱為「互聯網化的精益生產」模式，不無道理。精益生產，衍生於豐田生產方式，是透過系統結構、人員組織、運行方式和市場供求等方面的變革，使生產系統能很快適應用戶需求的不斷變化，並能使生產過程中一切無用、多餘的東西被精簡，最終達到各方效率最高的一種生產管理方式，與傳統的大生產方式不同，其特色是「多品種」、「小批量」。

C2B 模式可以透過互聯網匯聚個性化的小眾需求，前端實現「訂製化」；然後後端採用靈活的精益生產方式，實現多品種、小批量的工業化生產。

像小米手機一樣，一旦前端「預付＋訂製」環節完成，供應鏈將被重組，為了最大限度最高效地為用戶創造價值，企業就不再完全根據成本而是根據客戶最大價值在全球尋求供應鏈組合，突破所謂的「中國製造」。

在互聯網普及之前的一切商業模式，都建立在「企業——用戶」垂直的關係之上，而（行動）互聯網改變了企業和用戶之間的關係，由垂直變為平行，企業與用戶之間是平等的合作關係，共同構築一種商業生態，用戶需求真正意義上地成了生產型企業的上游鏈條。從這個意義上說，互聯網帶來的不僅是一種技術，更是一種商業革命。在工業時代，企業爭取各種資源以實現對用戶時間和空間的壟斷，比如用廣告占據電視節目，用門市占據消費場所。而在互聯網時代，用戶不再單向、被動地接受企業信息的傳播，而是透過與他人互動來行使消費者主權。

在互聯網普及之前，任何企業都很難真正滿足大量消費者的個性化需求，只有到了互聯網時代，「以消費者為中心」的 C2B 模式才有了大規模實現的可能性。

淘品牌「七格格」是一家網路原創服裝品牌，擁有一支「15 位年輕設計師 +1 位專職搭配師」的團隊，規定每月最少推出 100 ～ 150 個新款，保證店鋪內貨品不少於 500 款。它有上萬名忠實粉絲和很多 QQ 群，每次要出新款的時候，七格格都會先將新款設計圖上傳到店鋪上，讓網友們對新款投票評選，並在 QQ 群中討論，最終選出大家普遍喜歡的款式進行修改，然後上傳到網站，反覆幾個回合後再生產、上架。這種流程完全顛覆了大牌設計師引領時尚潮流的傳統模式，消費者開始真正決定款式、時尚的走向，最主要的是，消費者享受這種模式。它甚至顛覆了我們對品牌的傳統認知。眾所周知，品牌是工業化時代的產物，傳播需要時間的積累和沉澱，需要不斷向消費者進行傳播，但 C2B 模式完全不一樣，雙向溝通的模式大幅提升了品牌價值的累積速度，從默默無聞到淘寶女裝銷售第 4 名，七格格僅僅用了半年多的時間。

海爾訂製冰箱的成功運作也佐證了互聯網思維在滲透並改造著傳統製造業。海爾集團率先推出「我的冰箱我設計」，不到 1 個月，就收到 100 多萬台的訂製冰箱訂單。目前，海爾冰箱有一半以上是按照各地商場的要求專門訂製的，這正是得益於海爾用互聯網思維來整合的全球研發資源平台，使得整個項目的研發時間縮短了一半以上。在該平台上，海爾只需要將研發需求發布出來，就會有很多科研資源找上門來。用戶提出各自的個性化需求，海爾能夠第一時間將這些需求加以實現，這對於強調量化生產的傳統製造業來說是一個顛覆性創舉。海爾集團董事局主席、CEO 張瑞敏曾對此興奮地表示：「現在全世界都是我的資源，世界就是我的研發部，世界就是我的人力資源部。」

海立方（見圖 1-1）是海爾公司的創新產品孵化台。在海立方，用戶可以與創新產品團隊進行互動，一起設計改變生活的創新產品。這裡不但提供了孵化基金，還有製造資源和銷售通路（渠道），海爾公司會整合項目發起者、供應商、經銷商、用戶的資源，為產業中各個環節上的群體提供溝通交流、資源互通的平台。這有點類似於一個產品界的「創新工場」，是一個孵化器，人們可以憑藉自己的創意拿到海爾的購買款，海爾可以透過購買到的好創意，生產出更好的產品，賺回更多的錢。

圖 1-1 海爾「海立方」

海爾張瑞敏一直強調「交流用戶」，將分三個階段與用戶進行線上交流：一、是創造互聯網社區或平台，讓用戶「自願來交流」；二、是用戶之間實現「自動交流」；三、是海爾從交流中尋找「自我增值」的機會。海立方結合了眾籌和預售的方式，透過海爾現有資源來培育內部和外部更有競爭力的產品線，完全改變了原有傳統的產品研發方式，利用資源支援，打造一個開放的產品創新平台與用戶交流，讓用戶真正參與海爾的產品創新。

由此可見，在需求愈來愈複雜的市場環境下，傳統企業必須做好改變傳統的生產、銷售方式的準備，並與用戶進行溝通，理解 80、90 後的語言，給他們一個平台自我展現，讓他們參與整個商品的產銷過程並平等地進行溝通，激發他們的創造力，分享購物體驗並影響更多的消費群體。90後目前雖然還沒有成為最具購買力的族群，但是他們的生活方式已經對國內的傳統行業產生了不小的影響，畢竟在不久的將來，90後將成為主力的消費群體。

粉絲經濟：讓用戶參與品牌建設

「粉絲」（fans），最早是對追星一族的稱謂，網民日益壯大的今天，就連產品品牌，也擁有了自己的粉絲群體，典型的就是蘋果。賈伯斯推出的一款款「神器」，使得「果粉」盛行，「果粉」指的就是瘋狂喜歡蘋果產品的用戶。

一.「粉絲」是最優質的目標消費者

「粉絲」不是一般的愛好者，而是有些狂熱的痴迷者。「因為喜歡，所以喜歡」，喜歡不需要理由，一旦注入感情因素，有缺陷的產品也會被接受。因為互聯網的存在，全國乃至全球的粉絲們都可以參與到品牌文化的創建、傳播和演進過程，「粉絲」們已經透過互聯網緊密相連，同時又被他們共同創建的品牌文化牢牢地吸附在一起，「粉絲」已經成為品牌的一部分，牢不可分。在互聯網時代，創建品牌和經營粉絲的過程高度融為一體，未來，一個沒有粉絲的品牌很難長久發展。

2013年，小米公司的銷售額突破300億元，雷軍在小米產品發表會上明確提出「因為米粉所以小米」。小米論壇和粉絲圈的構建奠定其產品一經發表就銷售一空的局面，這在傳統銷售模式中是不可想像的。正是小米這種懷著強烈的主動意願邀請用戶參與到工作的每一個部分中去的方式，也使得用戶能夠主動地參與到小米品牌所代表的生活中去。在小米的體系中，「粉絲」在產品中的角色作用，可以分為三個級別：第一、明星粉絲，被稱「榮組兒」（榮譽開發小組成員），能夠參與公司新產品的開發、試用和決策；第二、瘋狂的米粉（喜歡小米產品的用戶），是中堅成員，多為互聯網時代的年輕人，是小米公司的主要利潤來源；第三，廣大普通用戶。這三層用戶並非截然分開，而是形成了中層用戶仰慕頂層用戶，底層用戶追隨中層用戶的良性循環，最終讓所有用戶擁有共同的邊界特徵——「米粉」。小米透過自己的產品、行銷，創造了米粉，這其中有腦殘級別的米粉，也有理性的米粉，這是小米最得意的作品，遠遠超過一部手機、一台電視。

「粉絲電影」是一種新的類型片，主打粉絲群體。觀眾不是因為故事情節而去看電影，而是因為追星而去。

從藝術角度來講，郭敬明的電影《小時代》被廣為詬病，但中國電影觀影族群的平均年齡只有 22 歲，這部分族群正是郭敬明粉絲「四迷」的富礦。正因為有大量的 90 後粉絲「護法」，《小時代 1》、《小時代 2》才創造出累計超過 7 億元人民幣的票房神話。有動輒上百萬冊的紙本書銷量做保障，哪怕被罵為「腦殘」，郭粉們也會把《小時代》系列電影的票房給硬拉起來；《小時代》就是一部不折不扣的「粉絲電影」。

當年電影《建國大業》雲集了華語影壇上百位明星大腕，觀眾湧進影院「數星星（明星）」，讓電影公司賺得盆滿鉢滿。愛屋及烏，粉絲是最忠誠的消費者，從購買唱片、海報、螢光棒、演唱會門票到購買明星的周邊產品；從電視節目的高收視到電影票房的保證，粉絲指向性消費隨時創造出極高的經濟效益。誰掌握了粉絲，誰就找到了致富的金礦。

二.「粉絲」需要經營

社交媒體的興盛正使大眾傳播方式發生深刻的變化，在新的網路語境下，「粉絲」數量不僅意味著影響力，還意味著經濟價值，喜歡你才「粉」你，「粉」你意味著消費者會用腳投票，為你買單。然而，天下沒有免費的午餐，要想從「粉絲」身上獲益，必須善於養「粉絲」，善於和「粉絲」互動。

行動互聯網也讓世界變成了跟隨和轉發的世界，「粉絲」經營不能自說自話，不能單向傳播，而要雙向互動。社區是營造用戶參與感的基礎，話題和活動又是主要的互動手段，小米特別注重場景化的設計，注重所有的設計從開始就考慮用戶的參與感，有沒有這樣的思維，與用戶互動的效率和深度截然不同。從本質上看，這事關對互聯網產品、互聯網族群的話語體系和心理需求、互聯網傳播特性等的理解深度。以前所有的行銷大多是一種強制性、教育式的行銷，是一種單向通道，即我要給你改變觀念，給你洗腦，但是今天需要的是體驗式行銷，都應以很親切的形象走進用戶，讓他感到原來你的產品有如此品質，你是這樣做事的態度。

三. 培養「死忠粉絲」

戰爭年代的實力看兵力強弱，互聯網時代看「粉絲」多少。在自媒體時代，每個人都是別人的「粉絲」，「粉絲」意味力量，哪怕你只是一個草根，只要你擁有了巨量「粉絲」，你就可以擁有強大的影響力。

中國最早的意見領袖孔子，就是靠「粉絲」捧紅的。孔子的3000「粉絲」中，「大咖」就有72個，孔子老師「述而不作」，嘆口氣都有人瘋狂轉發。「粉絲」們不僅給孔子學費，還幫老師出專輯——《論語》，就是學生們蒐集老師日常的「微博」、「微信」加工而成的。

「死忠粉絲」是最為忠誠的「粉絲」群體，是品牌的種子用戶，也是品牌最有價值的意見領袖。在「粉絲」經濟時代，誰把握了「粉絲」的心理，誰就占有了市場;誰的「粉絲」數量多，市場占有率就大;誰的「粉絲」黏性大，鐵杆「粉絲」多，誰的品牌就有持續的發展動力。

四. 品牌需要的是「粉絲」，而不僅僅是會員

當前大部分企業的會員管理，僅僅做到一個會員積分管理。消費者透過消費獲得積分，年底透過積分兌換禮品，變成了一個透過消耗現金來獲取獎勵的消費，或者透過積分獲得會員級別，不同級別的會員卡提供不同的優惠折扣，會員卡淪為打折卡。

這種傳統的會員模式，生命力並不持久，這種會員模式過於強調了人與物的互惠關係，是建立在利益交換的基礎上，比如白金卡、金卡、銀卡等，大部分是基於消費額來進行分級，這是一種交易關係，而不是建立在情感共鳴的基礎上的，不是朋友關係。人——物的互惠關係很難轉化為人——人的朋友關係，並且這種傳統會員的獲取和維繫成本過高，會員體系其實是一個巨大的成本中心。很多人在做會員之前，是為了會員而做會員，是因為其他家做了會員所以我們也要做會員的心態，沒有進行詳細的規畫，也沒有進行詳細的財務評估和 ROI 分析，最終會陷入巨大的成本泥淖中。

所以說，**價格帶不來忠誠，積分也留不住會員，最有效的會員模式就是打造品牌「粉絲」自組織**。

五 . 從粉絲經濟到社群經濟

互聯網時代一旦去中心化完成之後就會出「粉絲經濟」過渡到「社群經濟」，社群經濟的底層密碼就是讓一群協作成本更低、興趣點更相同的人結合在一起，共同抓住這個時代賦予我們的機會。

在未來商業社會中，品牌與粉絲更像是一種朋友關係。正如黃太吉創始人赫暢所言，當你被一個產品稱為粉絲的時候，你肯定會有一種不公平的體驗感，所以，你的產品要做的，是建立一個社群，一個基於你的產品，具有共同價值觀、興趣聚在一起的、平等的社群，而這個產品的老闆，也不過是這個社群中的一員，而不是這個社群中的領導者。

【案 例】

「羅輯思維」的社群實驗

2013 年 12 月 27 日，互聯網知識型社群「羅輯思維」成功進行了第二次招募，號稱「史上最無理的會員召集」，唯一通道是微信支付，一天之內輕鬆募集 800 萬。

這一天，僅僅是「羅輯思維」問世第一年。2012年12月21日，傳說中的世界末日，知名傳媒人羅振宇、獨立新媒創始人申音、資深互聯網人吳聲，合作打造了知識型視頻脫口秀《羅輯思維》。

在許多人眼裡，羅輯思維是第一視頻自媒體，其實錯了，大錯特錯，因為它的本質是社群電商。當人群聚集成社群，而且有了領袖，領袖向社群注入了信仰，這種信仰又被社群高度接受時，社群就有了巨大的力量。

偉大的互聯網，給建立社群提供了無與倫比的狂野力量，尤其是微信。現在，《羅輯思維》每期視頻的點擊量超過100萬，微信粉絲達到了108萬。試問，哪個互聯網社交產品能如此之快、如此之準、如此之狠地建立社群？想一想這100多萬微信活躍分子的社交鏈吧，以去掉重複好友後保守估算，按每個人通訊錄有100個好友，「羅輯思維」能覆蓋1億人。而且大部分是微信上非常活躍的、鐵杆粉絲的、代表未來的年輕人！這當然蘊藏著極大的商業價值。

社群經濟的高級形態就是要讓粉絲實現「成就感」。「正和島」就是一個企業家社群，目前有3000多個企業家會員，每人每年年費3萬元，以馬雲等人的個人魅力為背書，然後透過規則的制定吸引企業家群體加入。但正和島的真正吸引力是內部的部落化營運，目前島內有20幾個活躍的部落組織，這些部落由會員自主發起、自主管理，正和島平台起了一個引導和傳播的作用。大平台分散為一個個碎片化的小組織，會員之間的凝聚力更強。

社群模式使得社會的多樣化和個人的歸屬感得到自然的平衡，人類走出部落，在孤獨了幾千年後，重新在社群中找到存在感。

真正的參與感是塑造友愛的互動

真正的參與感絕對不僅僅是互動，而是塑造一種友愛的互動，讓員工、用戶發自內心地熱愛你的產品，發自內心地來推薦你的產品。

——小米副總裁 黎萬強

如今，很多企業也開始認識到要做互動行銷，也成立了專門的部門叫互動行銷部，但是這種互動，多半都在「假互動」，要麼微博 @ 一下用戶，要麼簡訊騷擾一下用戶，這叫什麼互動？

互動不是單向行銷和公關，不是扯著耳朵灌輸，而是讓用戶發自內心地喜歡你，喜歡你才願意參與進來，和你互動。怎麼才能讓用戶喜歡你？要讓你的產品惹人愛，讓你的服務賦予愛，讓你的溝通更真誠。這種真誠，不是那種假扮誠摯和熱情的把戲，不是一句「歡迎光臨」和「歡迎下次光臨」就能解決的，一定要讓你的員工發自內心地熱愛你的產品，發自內心地推薦你的產品。

用戶不是上帝，也不是老闆，用戶是你的朋友。產品即對話，服務即對話，傳播就是對話，這種對話，就是一種友愛的傳遞。

小米公司把這種友愛的互動叫做「溫度感」，小米公司創始人雷軍、黎萬強等人在初期每天要泡在論壇上 1 個小時，現在每天再忙也要保持在論壇上十幾分鐘，近距離地與用戶溝通。「今天節奏這麼快的時候，在一線的同事如果沒有這種體驗感，沒有這種溫度感，沒有泡在裡面的話，做的產品肯定是死掉了；沒有對一線的溫度感必死。」

無論是讓消費者參與到產品研發中，還是參與到品牌建設中，都是一種互動過程。這種互動，意味著你得和用戶打成一片，必須要融入他們當中，這才是真正的參與感。

第四節
法則 3 ——用戶體驗至上

用戶體驗是一種主觀感受

什麼叫真正的用戶體驗？很多人把這個詞掛在嘴邊，卻鮮有人用心研究過。對於我們的用戶，捫心自問，我們是否真正地站在用戶的角度思考過？我們認真思考過用戶從接到包裹到使用產品中的每一個環節都會做什麼嗎？用戶的需求是什麼？除了滿足用戶的需求之外還能為用戶提供什麼？

用戶體驗是一種純主觀的感受，是在用戶接觸產品或服務的整個過程中形成的綜合體驗。好的用戶體驗一定要注重細節，並且貫穿於每一個細節，這種細節一定要讓用戶能夠感受到，並且這種感受要超出用戶的預期，給用戶帶來驚喜。

舉個簡單的例子，我們平時在上網的時候，無論是看微博、刷論壇還是購物等，總免不了來回翻頁，於是有人就設計了一種全新的瀏覽方式——「瀑布流」，網頁的頁面會隨著用戶的下拉不斷地刷新出新的內容，這樣一來，用戶就無須頻繁地翻頁，僅僅滑動滑鼠就可以不斷看到新的內容，這便是網頁製作者在用戶體驗方面的改進，給使用者的感覺就很方便、很舒服。

用戶體驗是最強的 ROI 和最重要的 KPI

「1 號店網上超市」（註①）從電商中殺出重圍，就是聚焦在兩件事情上：顧客體驗和供應鏈管理。我們看看 1 號店是怎麼做的？

（1）讓一線參與用戶體驗創新。早期的時候，客服培訓都是兩位創始人親自培訓，告訴客服人員：「你們一定要站在顧客的那一面，甚至要站在公司的對立面為顧客著想。」

（2）**把用戶體驗 ROI（投資報酬率）變成員工 KPI（關鍵績效指標）**。聘請三方專業公司做顧客體驗調查，把每一個員工的薪資獎金都和顧客體驗指標掛鉤起來，如果顧客體驗上升了，每個人都有獎金，下降了每個人都扣獎金。

（3）**把傾聽用戶聲音變成一種機制**。每個星期都有一個回顧一週業務的會議，前半個小時叫做 VOC（voice of customer），就是聆聽顧客的聲音，把所有的顧客體驗指標和顧客體驗調查都全盤托出，甚至直接播放顧客投訴的錄音，讓大家都知道有什麼問題。1 號店所有高級主管，都要定期實際參與倉庫、配送、客服等工作，並要求每位主管就各工作提出問題和改進方案。

把用戶體驗管埋制度化，作為重要的考核指標，這種做法值得很多傳統企業借鑑。在我們自身產品和服務行銷的過程中，有哪些需要重視的用戶體驗的點？圍繞這些點能做哪些創新？如何納入績效管理體系當中？都值得我們思考。

「360 互聯網安全中心」創始人周鴻禕說：「你把東西賣給用戶或者送給用戶了，你的體驗之旅才剛剛開始，用戶才剛剛開始跟你打交道，你恨不得透過你的產品和服務，每天都讓用戶感知，讓用戶感受到你的存在，讓用戶感受到你的價值。」

用戶體驗的反差，為互聯網顛覆傳統行業帶來了極大的創新空間。

用戶體驗設計

一．一切為了打造用戶體驗

品牌建立的過程，就是打造用戶體驗的過程。所有環節的產品或服務，都是為了實現用戶體驗的目標。從這個意義上說，無論是產品，還是服務，無論是通路（渠道）還是終端，都是用戶體驗的一個環節。這意味著行銷形態將發生以下變化：

產品方案化：不再是基於原材料和技術設計產品系列與品項管理，而是基於目標消費者族群和特定需求組合解決方案。

通路（渠道）物流化：不再是依賴經銷商做產品推廣，而是依賴終端拉動、經銷商物流管理精細化，將通路（渠道）升級成為「最後一公里物流」。將通路（渠道）物流效率升級為消費價值體驗的一個有機組成部分。

終端體驗化：終端不再是提供貨架（信息集散地），而是成為打造體驗價值的線下平台，一方面完成互聯網無法承載的體驗效能，另一方面創造體驗情感價值和溢價。終端的體驗本身就是產品解決方案的有機組成部分。

消費社區化：利用互聯網「人以群分」的自然淘洗特性，進行細分族群精準定位，進行互動、形成聯繫、打造社區，讓消費者在線上、線下生活消費在一起。

二.「用戶體驗至上」要貫穿品牌與消費者溝通的整個鏈條

互聯網公司的產品經理們會日夜不停地泡在網上研究用戶的使用習慣，歷史上似乎從來就沒有哪一個傳統行業像互聯網行業如此重視用戶的感受。良好的用戶體驗能帶給人愉悅的感受，它順著網民的思維定勢和與生俱來的人性特質，讓他們透過最簡單、最直接、最爽的方式獲得他們想要的東西，於是網民們趨之若鶩、蜂擁而至。獲得愉悅的產品體驗將產生強烈的依賴性。

用戶體驗的打造，要貫穿各個平台、各種終端、各類媒介，以及用戶使用產品的各個環節，都要自始至終地考慮到用戶的感受，以「用戶體驗至上」為指導原則。海爾公司張瑞敏曾說：「企業必須以創造用戶全流程最佳體驗為宗旨」。在互聯網時代，企業的宗旨就是怎麼創造用戶全流程的最佳體驗。

【案例】

「三隻松鼠」的用戶體驗創新

電商平台為企業和消費者提供了非常多的接觸點，這麼多接觸點如果哪一個環節做不好，體驗不好，消費者就會立即棄你而去。三隻松鼠（註②）創始人章燎原把這些接觸點分為兩類：物理和感知。在他看來，傳統購物主要是物理接觸，眼見為實，感知只有廣告；而電商反過來了，收貨之前全是感知接觸，只有透過一種情感來對未知做出判斷。因此，電商企業首先需要營造一種好感，才能引發消費者第二次、第三次的購買。

在營造好感方面，網路推廣要讓用戶建立深刻印象，進而點擊。傳統戶外廣告是 3 秒鐘效應，互聯網是 1 秒鐘，消費者看到頁面的松鼠產生好感，就會立刻點擊，進而與客服溝通。

在客服溝通上，三隻松鼠也大膽創新，一改過去淘寶「親」的叫法，改稱 「主人」。「主人」這一叫法，會立即使關係演變成主人和寵物的關係，客服妹妹扮演為「主人」服務的松鼠，這種購物體驗就像在玩 Cosplay。

對於客服考核指標，也不再是常用的交易量，而是好評率和溝通字數。「顧客成了主人，客服就變成了一個演員，這就是一個感知接觸點，把商務溝通演變成話劇了。對於客服的話術，要點就是要把你想像成松鼠，過去常說把顧客當上帝太誇張了，我們現在就是要做一隻討好主人的寵物，讓主人快樂！如此一來，客服也可以撒嬌、賣萌等，帶給顧客的感覺跟之前有一點點不同了。」

這麼嘗試選擇下單的消費者的心理是痛並快樂著的：一方面顧客非常興奮和期待，另一方面也很擔憂，東西怎麼樣呢？要一直糾結到收到包裹。而這時，三隻松鼠在發出已快遞的簡訊通知上表現了安撫細節：「松鼠已經十萬火急地把主人的貨送出了。」

「包裝箱也不能馬虎，要做足功課。這是消費者的第一次物理接觸，要把之前感知接觸存留的好感一直傳下去，因此三隻松鼠的包裝箱和裡面的包裝都是經過精心設計的。」章燎原說，不僅如此，還要給消費者帶來更多驚喜：比如紙袋、夾子、垃圾袋、紙巾……吃堅果的工具一應俱全，幾乎都能在包裹裡找到，這樣的細微服務牢牢抓住了消費者的心。如果企業不重視它，也許就會少了顧客在辦公室分享、發微博分享的舉動，而這些舉動，正是對帶來二次銷售和口碑傳播至關重要的。

此外，三隻松鼠還透過微博和微信等途徑和消費者溝通，徵求他們需要哪些禮品。章燎原說，三隻松鼠會開發更多有意思的贈品送給消費者，他認為，如果把一些小點做到極致化，價值也就出來了。「一些人把電商看成是一個通路（渠道），但我更願意把它理解成一個媒體。如果把它當做媒體，那麼就大有文章可做。」

不是你做了什麼，而是用戶感受到了什麼

用戶體驗要前置，要讓用戶感受到，不要把精力耗費在擅長卻無意義的點。

——金山網絡 傅 盛

怎樣評價用戶體驗的好壞？仍然是用戶導向，用戶是不是感受到了？

用戶體驗前置，說白了就是讓用戶能夠感受到。產品做得再好，功能再多，用戶沒有感受到，也就沒有形成好的用戶體驗。互聯網公司的產品開發，有一個指標叫「版本到達率」，意思是你這個軟體版本推出之後，有多少用戶會跟著你升級。如果新版本發布完一個月後，發現只有 1 萬個用戶到達這個版本，而近 99 萬的用戶還沒到達這個版本，那麼，對於用戶來說，這個新功能的價值是多少？只有 1%。

類比傳統行業，一個產品包裝設計得再花俏、技術指標再好，如果沒有讓用戶感受到你這種變化，也就構不成用戶體驗的變化。你的世界是什麼或做了什麼，和用戶一點關係都沒有，他們只關注自己關心的點，從這個意義上說，一定要把這種用戶體驗的變化傳遞到位。

「雕爺牛腩」這家以「互聯網玩法」著稱的餐廳，設置了一個特殊職務CEO，即「首席體驗官」（或稱「首席用戶體驗官」英文簡稱：CEO，英文全稱：Chief Experience Officer ，由於互聯網公司對「用戶體驗」的重視而催生出的一種新職位），這裏的「E」就是「體驗」。CEO 會從客戶的角度去感知餐廳的服務，時刻注意客戶的意見反映，時刻注意改善服務，CEO 有權為客戶的小菜、茶水免單，為客戶帶來感動和驚喜。

註 ①：1 號店：大陸知名網路商城。

註 ②：三隻松鼠：中國最大的互聯網食品品牌。

第二章　簡約思維

- 在產品規畫和品牌定位中，要力求專注和簡單。
- 對於產品設計，力求簡潔和簡約。
- 簡約，意味著人性化。

法則 4　專注，少即是多

法則 5　簡約即是美

第一節
大道至簡，互聯網時代的產品戰略

「用戶體驗至上」是用戶思維最重要的法則，而用戶體驗又大多基於產品之上，因此如何做好產品，將極大地影響公司的生存，當然這裡的產品是廣義的概念，包括有形產品和無形產品（服務）。產品戰略在互聯網時代顯得愈發重要，無論從消費者還是企業等市場主體的角度來講都是如此。

傳統的商業形態正不斷地受到互聯網衝擊，消費者的話語權愈來愈強，大眾審美觀在追求簡單化，不用多費腦子思考的娛樂綜藝節目、更直白的互聯網溝通平台、直來直往省略中間環節的購物模式、有足夠專業品牌支撐就希望儘量省事的產品說明，愈來愈成為一種趨勢。

從消費者的行為來看，消費者的選擇太多，選擇時間太短，消費者的耐心愈來愈不足，轉移成本太低（逛實體商店，從一家店出來再進入下一家，線上只需要點擊一下滑鼠），所以，商家必須在短時間內抓住消費者。

這便是一種簡約風格，簡約成了互聯網時代重要的商業邏輯。所謂簡約思維，用一句老話就能概括：「一切從簡」。這句話在過去代表人的素養和修為，在今天則代表了企業在開發產品和服務上所展現的素養和修為。它包括三個要素：**看起來簡潔、用起來簡化、說起來簡單。**

看起來簡潔：還是一句話「一目了然」，一看便知所有的內容。把簡單的介面呈現給用戶，把簡潔的產品提供給客戶，把複雜的組織和邏輯留在背後。

用起來簡化：又是一句話「一鍵到底」，用起來不需要忙於記住操作的順序、功能的位置，一鍵直達需要的功能，找到想要的介面。

說起來簡單：一句老的廣告語「一傳十、十傳百」，現在廣告傳播、品牌傳播已經不再吃香。你提供的產品和服務，必須能夠快速被客戶看到價值，並能用簡單的語言來描述進而傳播。

回顧半年前的「支付寶」（註①），進入我的支付寶頁面，最上面一排是密密麻麻的導航欄，左側是深深的目錄，右側是非常用功能模塊，中間是內容頁。跟其他網站用戶個人頁面一樣，這四個部分堪稱互聯網界的「標準配備」，當然能夠換主題背景可以升級 「頂配」，至今，乃至今後的很長一段時間，相信很多網頁的用戶頁面還將如此。

那我們來看支付寶是不是堅守陣地，保持著理科生的系統性呢？如果後台數據顯示頁面裡大部分的內容用戶幾乎都沒有點擊過，有些部分即便有參與度，也沒有活躍度，這個時候我們該如何想？如果客服裡面經常收到的問題，在用戶頁面的結構本身就能找到答案的時候，又該如何想？

2013 年 7 月，支付寶在不斷改版的萬里長征中一步邁進了「瘋狂的簡潔」，把所有的功能導航化為兩大部分「帳戶現狀」和「資產動態」，這些都不僅僅是單純的簡約，而是對用戶的需求深刻洞察後的實踐。

支付寶帳戶愈來愈接近一個資產帳戶，也就是大眾所理解的銀行帳戶，帳戶的擁有者最關心的就是「我有多少錢」，那最重要的位置就只顯示出帳戶金額就可以了。支付寶有帳戶餘額和餘額寶兩項主要帳戶，其他的帳戶保留標題靠右站。帳戶擁有者還想知道「我賺了多少、花了多少、欠多少債？」那密密麻麻的資產動態表就化為四個字：「賺」、「花」、「省」、「欠」，讓人們對自己的財務狀況一目了然。

在這個網路已經占領人類心智資源的社會，你還在擺事實、講道理，在論證結果，沒人有這個時間，更沒這個耐心！用戶需要什麼，我們就把它們以最簡單、直接的方式呈現給用戶，只呈現結果，過程埋藏在背後。

註①：支付寶：中國阿里巴巴集團創辦的第三方支付平台。

第二節
法則 4——專注，少即是多

專注就是少做點事，或者說只做一件事，將一件事做到極致。少就是多意味著專注才有力量，專注才能把產品做到極致。正所謂「愈專注，愈專業」。在當今的互聯網時代，效率與速度決定一切，誰能用最短的時間抓住關鍵點，並持續專注於這個關鍵點，誰就能在未來的競爭中贏得主動，誰就可以用較少的代價獲得更多的收益。這裡的專注是指為了做成一件事，必須在一定時期集中力量實現突破。

業務規畫：專注才有力量

在邁克爾·波特（Michael Porter）的競爭優勢理論中，「專一化戰略」即是「專注」思想在戰略管理領域的重要運用。專一化戰略指出要主攻某個特殊的顧客群、某產品線的一個細分區段或某一地區市場。互聯網時代，「專一化戰略」作為一種重要的企業戰略管理思想並沒有過時，反而更為重要。

這是一個「信息過剩」的時代，也是一個「注意力稀缺」的時代，在「無限的信息」中攫取「有限的注意力」，就要求我們的產品對於消費者而言，必須能夠「一擊即中」，專注便成為競爭制勝的重要法寶。少即是多，專注才有力量，只有專注才能解決用戶的迫切需求，也只有專注，才可能將產品做到極致。只有做到極致，才能在產品制勝的年代獲得並累積競爭優勢。

一. 做專注的創業者

即使是在如今物質豐饒的年代，我們依舊面臨著資源有限的制約，人力資源、資本等依舊制約著企業和創業者們在市場當中的競爭。**尤其是對於小創業者來講，在創業時期，做不到專注，就不可能生存下去！**只有將有限的資源進行聚焦，才可能更加有效地解決問題。如果無法專注，創業者失敗導致的損失會是令人痛心的，恰如《精益創業》作者埃里克．萊斯（Eric Ries）表達的對於諸多創業者總是踩不準點兒而導致失敗的惋惜：「這些失敗最令人心痛的地方，不僅在於造成了員工、企業和投資人的損失，還在於造成了我們文明中最高貴資源的浪費：對人們的時間、熱忱和技能的浪費。」

創業者們只有將有限的資源進行聚焦，「畢其功於一役」，集中力量解決用戶最迫切的需求，才可能迅速抓住消費者的心。所以創業者們應該這樣選擇規畫產品：

● 一個針對用戶明確而且迫切的需求的產品，這樣才能夠很容易找到明確的用戶群。

● 選擇的用戶需求要有一定的普遍性，這點決定這個產品未來市場前景。

● 解決的問題少，開發速度快，這樣容易控制初期的研發成本和風險。

● 解決明確問題的產品，這樣容易向用戶說清楚，推廣也會相對簡單。

二.產品線規畫

產品線規畫是根據市場訊息確定的客戶細分和客戶戰略，並最終形成的產品組合規畫。很多成功的公司都有非常成功的產品組合，比如可口可樂、雪碧和芬達之於可口可樂公司。

這裡最想表達的觀點是，在每一個細分需求點上，給消費者一個選擇就好，不要多餘地提供訴求不清晰的產品。蘋果公司的產品到現在也才出了iPhone6，而中國非常多手機廠商的產品線非常混亂，最典型的便是深圳的山寨機市場，一天能夠出100款手機。

總的來說，少即是多，向用戶傳遞的是一種清楚的內涵，並且透過時間的推移而不斷加深與用戶之間的情感。對於產品線規畫來說，關鍵是要把握住市場訊息，充分了解用戶需求。而產品本身的性質不同，則決定了不同的產品線規畫策略。

【案 例】

HTC 的品牌定位

HTC 官方在談論其前兩年於市場中節節敗退的情況時，將問題歸於 HTC 行銷出了問題。是，HTC 的行銷確實有問題，但不是根本問題。根本問題是，HTC 在產品定位和產品規畫上出了問題。

從手機市場來看，要麼厲害如蘋果的 iPhone，不採用機海戰術，就靠一款旗艦打天下；要麼像三星一樣，以 Galaxy S 和 Galaxy Note 為核心，滿足中高檔市場需求，提升品牌形象，保證利潤率和盈利，以其他眾多叫不上名的型號覆蓋中低端市場，這樣一來，既保證了市場占有率，又保證了利潤。

回過頭來看看 HTC，雖然一開始在採用 Android 系統的眾多廠家中占了先機，但賣了那麼久，卻沒有什麼機型能被市場所熟知，被經常提及的只是 G1、G2……G14 等。顯然，HTC 官方很忌諱別人以這樣的方式命名他們自己的手機，這也在一定程度上說明了從那時開始，其產品規畫就已經埋下了隱憂，幾乎每款都是旗艦，但每款都成了機海戰術中的一員，實則沒有旗艦可言，長此以往，品牌美譽度也沒了。

等到 HTC One 上市的時候，筆者總以為 HTC 會從 One 開始，好好規畫一下自己的產品線，但不幸的是，HTC 沒有這樣做，後面又推出了 Butterfly，問題是，Butterfly 在定位上和 One 並沒有什麼區別。Butterfly 還沒打開市場，與其配置差不了太多的新 HTC One 又以旗艦的姿態出來了，其和 Butterfly 在市場中如何區分定位？消費者該如何選擇？HTC 沒有引導消費者，把選擇的難題拋給了消費者。選擇太多就是沒法選擇，可能原本想購買 HTC 的消費者最終選擇了三星或者 iPhone 或者其他品牌。

三 . 選擇不做什麼，比選擇做什麼更重要

專注意味著放棄和犧牲。在競爭激烈的今天，對於企業來說，如果想要成功，就必須先放棄某些東西；大捨大得，要做到專注，就要大膽地取捨，做最擅長的事，無論進入和退出都需要取捨。

一般來說，企業在發展過程中有三個重要的取捨時期：第一是創業伊始，企業需要選擇所要進入的具體行業領域；第二是遇到投資和市場利益機會時，需要利用現有資源進入新的行業領域；第三是企業經營經歷了多元化時期之後，需要選擇退出某些行業領域。相對而言，初創期的取捨要容易一些，因為那時企業掌控和可以支配的資源極其有限，企業管理者的風險警覺性還非常高，關鍵是找準切入點。但當企業步入真正意義上的成長階段時，一切開始變得不一樣了，有時候，企業不得不在「快速的成長」與「健康的成長」之間做出抉擇。企業家不得不捫心自問：「此時此刻，自己是否必須成長？」這實在是一件很痛苦的事。

企業戰略變革過程就是取捨的過程，取捨是推動公司變革的藝術。波特教授認為，戰略的本質是定位、取捨和建立活動之間的一致性。波特在《競爭戰略》中運用五種競爭力模型詳細論述了企業如何尋找一個有價值的定位，在他看來，戰略就是有所為和有所不為，其中更為重要的是選擇不做什麼。大部分企業都試圖滿足顧客的所有需要，提供所有的經營活動，從而模糊了公司的形象，乃至最後喪失競爭優勢。但僅有戰略定位並不能保證企業具有持續競爭優勢，為此，企業必須透過選擇一系列經營活動來創造差異性，從而延緩或阻止競爭者的模仿。取捨意味著在一組經營活動中進行選擇，由於達到目標具有路徑依賴性，一旦選擇了這種經營活動，就必須減少其他的經營活動，對於不同經營活動的取捨將使模仿變得很困難。

有人認為，傑克・韋爾奇（Jack Welch）在 GE 總裁任期內，最大的成就是收購了上百家有價值的企業。可是，他卻說：「不，我對公司最大的貢獻

是拒絕了至少 1000 個看上去很值得投資的機會。」傑克・韋爾奇在他的自傳中與大家分享了他如何在決定公司前途和命運的戰略選擇中進行戰略取捨的藝術。眾所周知，GE 公司是世界上最大的多元化服務性公司，「如何使 GE 這樣成熟的綜合性大公司像新興小公司那樣蓬勃發展」，擺脫龐大多元商業帝國的痼疾，保持企業持續、穩定的健康增長，一直是傑克・韋爾奇任期內亟待解決的問題。

韋爾奇重新評估了 GE 的戰略性資產，從而做出了一系列戰略性取捨。在接任 GE CEO 的頭兩年，他出售了 71 項業務和生產線，包括中央空調業務、家用電器業務等 GE 當年起家的業務。他的很多大手筆在當時很難讓人理解，比如出售半導體業務被很多人認為是向日本人屈服，是在戰爭中開小差的膽小鬼。透過對非戰略性資產的剝離，使 GE 能夠集中精力進行戰略性投資，透過兼併、合資以及參股等形式完成 118 項交易。

戰略取捨的結果催生了韋爾奇的「數一數二戰略」。「我們確信這樣一個理念——成為數一數二不僅是一個目標，它將促進我們擁有一系列在世界範圍內獨一無二的業務，即使 10 年後都不會落伍。」「如果我們不是數一數二，沒有也不可能看清到達技術邊緣的正確道路。」

筆者還想跟大家說蘋果的故事。在 1997 年的時候，蘋果已經接近破產了，就把賈伯斯請了回去。一回到蘋果，賈伯斯就傳達了一個理念，決定不做什麼跟決定做什麼一樣重要。賈伯斯和幾十個產品團隊開會，產品評估結果顯示出蘋果的產品線十分不集中，無數的產品，在賈伯斯眼裡大部分是垃圾。光是麥金塔就有多個版本，每個版本還有一堆讓人困惑的編號，從 1400 ～ 9600 都有。

「我應該讓我的朋友們買哪些？」賈伯斯問了個簡單的問題，但卻得不到簡單的答案，他開始大刀闊斧地砍掉不同型號的產品，很快就砍掉了 70%。

幾週過後，賈伯斯還是無法忍受那些產品。賈伯斯在一次產品戰略會發飆了，他在白板上畫了一根橫線和一根直線，畫了一個方形四格圖，在兩列頂端寫上「消費級」和「專業級」，在兩行標題寫上「桌上型」和「筆記型」，「我們的工作就是做四個偉大的產品，每格一個。」說服董事會後，蘋果高度集中研發了 Power Macintosh G3、Powerbook G3、iMac、iBook 四款產品。

當時蘋果離破產也就不到 90 天，賈伯斯只用了一招殺手鐧——「專注」，就讓蘋果從 1997 年虧損 10.4 億美元，變成 1998 年盈利 3.09 億美元，起死回生。

馬雲說過「企業也罷，人也罷，做到了一定程度，重要的不是把握機會的能力，而是拒絕機會的能力。」勇於拒絕，聚精會神，讓馬雲經營的品牌揚名四海。萬科集團創辦人王石說：「人要學會做減法」，不貪婪不求全，企業經營做減法，品牌業績成倍加，萬科終成為笑傲江湖的地產大佬。方太集團董事長茅理翔說：「我們不做別的，就做廚房領域，而且要做最頂級的，要賣得貴，更要賣得好。」不做別的，只做自己擅長的，讓方太成為中國廚具業影響力最大的品牌。這些都是因專注而成功的典型範例。

專注雖然意味著犧牲和放棄，但從最終的結果來看，往往是獲得了更多的收益。這其中本身就蘊含著樸實的哲學道理——捨與得。

每個企業的資源都是有限的，為了獲得相對的強大競爭優勢，需要把資源集中起來，以獲得戰局中一個或幾個關鍵點上的相對性優勢，然後由關鍵點的勝利帶動全域的勝利。市場上的真刀真槍歷來都沒有什麼所謂的祕訣。如果你硬是認為有什麼獨門祕訣的話，那麼這個祕訣就是：戰術與資源的專注和聚焦！聚焦資源的營運戰略將成為在市場搏殺中制勝的關鍵，對於範圍小、資源有限的中小企業來說更是如此。

就像「萬通」董事長馮侖說的：「無數企業當中最終存活下來並且能夠成為市場經濟中主流的企業，絕大部分都是那些專注、簡單、持久和執著的公司。」專注而不是腳踏兩條船，對於任何企業來說都非常重要。

因此，在當今的互聯網時代，效率與速度決定一切，誰能用最短的時間抓住關鍵點，並持續專注於這個關鍵點，誰就能在未來的競爭中贏得主動，誰就可以用較少的代價獲得更多的收益，這就是互聯網時代的邏輯！

品牌定位：用戶喜歡你只需要一個理由

品牌的背後是細分市場，即便是世界五百強企業也只服務於有限的客戶。對於企業來說，圍繞自身的資源優勢，賺屬於自己的那份錢，這是企業的本性所在。

《新定位》一書列出了消費者的五大思考模式特性，以幫助企業占領消費者心目中的位置：

模式特性一、消費者只能接收有限的信息。在超載的信息中，消費者會按照個人的經驗、喜好、興趣甚至情緒，選擇接受哪些信息，記憶哪些信息。因此，較能引起消費者興趣的產品種類和品牌，就擁有打入消費者記憶的先天優勢。

模式特性二、消費者喜歡簡單，討厭複雜。在各種媒體廣告的狂轟濫炸下，消費者最需要簡單明瞭的信息。廣告傳播信息簡化的訣竅，就是不要長篇大論，而是集中力量將一個重點清楚地打入消費者心中，突破人們痛恨複雜的心理屏障。

模式特性三、消費者缺乏安全感。由於缺乏安全感，消費者會買跟別人一樣的東西，免除花冤枉錢或被朋友批評的危險。所以，人們在購買商品（尤其是耐用消費品）前，都要經過縝密的商品調查，而廣告定位傳達給消費者簡單而又易引發興趣的信息，正好使自己的品牌易於在消費者中傳播。

模式特性四、消費者對品牌的印象不會輕易改變。雖然新品牌有新鮮感，較能引人注目，但是消費者真能記到腦子裡的信息，還是耳熟能詳的東西。

模式特性五、消費者的想法容易失去焦點。雖然盛行一時的多元化、擴張生產線增加了品牌多元性，但是卻使消費者模糊了原有的品牌印象。

總之，互聯網企業在定位中也一定要掌握好這些原則：用戶接受信息的容量是有限的，產品宣傳「簡單」就是美，一旦形成定位就很難在短時間內消除。任何一個品牌都不可能為所有顧客服務，細分市場並正確定位，是品牌贏得勝利的必然選擇。

唯有明確的定位，消費者才會感到商品有特色，有別於其他產品，從而形成穩定的消費群體。而且，唯有定位明確的品牌，才會形成一定的品味，成為某一層次消費者文化品味的象徵，最終得到消費者的認可，讓顧客獲得價值收益。所以說：**企業如不懂得定位，必將湮沒在茫茫的市場中。**

【案例】

Roseonly——尖端人群的愛情唯一

Roseonly 成立於 2013 年 1 月初，在 2 月 14 日情人節正式上線。Roseonly 主打尖端鮮花市場，其理念是：如果要在該花店買花，一輩子只能送一位佳人，如果換了女朋友，則不再能透過 Roseonly 送花給新女朋友。其品牌定位是尖端族群的「愛情唯一」、「一生只愛一人」。在買花的過程中，買花者需要與收花者身分證號綁定，且每人只能綁定一次，充分在買賣行為過程中加深了其品牌理念。

2 月上線後，其主要透過微博等社交媒體進行傳播，主打情感訴求，立足尖端市場，將厄瓜多爾的玫瑰空運到國內，再透過官方網站進行銷售。在產品層面，據稱 Roseonly 每一朵玫瑰都會經由數十道程序甄選，一百朵玫瑰之中只有一朵可進入 Roseonly 專愛花店隊列。

借助明星與愛情故事的傳播，其品牌迅速獲得了大量的關注。而在產品的品類上，已經從最開始的很少幾款擴展到現在的七大品類近三十多款鮮花產品，並且在 2013 年情人節時加入巧克力新產品，而巧克力也被當作女方對男方送花的回禮，相互表達愛意。

在 2013 年七夕前，其預訂達到了數萬人，由於預估不足，花店提前 5 天掛出售罄通告，當天銷售玫瑰將近 5000 盒，整個 8 月，Roseonly 銷售額達到了近千萬元人民幣。Roseonly 創始人蒲易稱，未來的目標是做鮮花行業的 Tiffany，在繼續傳播「專愛」信仰的基礎上，也會拓展產品線，進一步滿足顧客的情感訴求。

雖然銷量一直非常好，但是 Roseonly 卻沒有改變自己的品牌定位，放棄了其他的銷售機會，不做團購，不做 B2B，不做送給親朋好友的產品。

大道至簡，愈簡單的東西愈容易傳播。大家能不能少做點事？能不能只做一件事情？少就是多，專注才有力量，專注才能把東西做到極致。尤其在創業時期，做不到專注，就沒有可能生存下去！

第三節
法則 5——簡約即是美

怎樣看待「簡約即是美」？筆者的理解是，簡約是一種審美觀。它不是一種完全理性的結論，不是說我們盡可能做得簡陋一點，而是說你腦袋裡是不是有一種觀念在這裡——你看到一個介面，一看它密密麻麻鋪滿了按鈕，你就知道這東西一點都不美，想要把它給簡化一下。

產品設計：做減法

亞里士多德曾說：「自然界選擇最短的道路」。14 世紀哲學家奧坎（Occarn）提出著名的奧坎剃刀理論，告誡人們「切勿浪費較多東西去做用較少的東西同樣可以做好的事情」，後來以一種更為廣泛的形式為人們所知，即「如無必要，勿增實體」。奧坎剃刀演變為一種「以結果為導向，始終追尋高效簡潔」的思維方法。

那麼在產品設計方面，如何做減法？包括兩個方面：外在部分，外觀要足夠簡潔；內在部分，操作流程要足夠簡化。

「簡約是在做減法」，從事設計工作的作家麥克蒙·泰羅（Mike Monteiro）說：「就拿蘋果來說，簡約拯救了這個公司。」蘋果以 iMac 起家，它的設計深得簡約的精髓：iTunes、iPod、iPhone 以及 iPad。但是隨著公司日漸壯大，不免使複雜的設計偷偷混入，像 iOS 應用中的報紙雜誌，要想打開想看的報紙還要先打開書架。更有甚者，iTunes。iTunes11 有一個令人困惑的接口，因為它有一堆不必要的功能，它的核心功能（即聽歌）已然在混亂中迷失了。賈伯斯重返蘋果最後 10 年的成功絕對不是核心技術的成功。你去看看蘋果的專利，在 3G 技術、4G 技術、手機核心技術上有專利嗎？沒有。如果各位有 3 歲的孩子或者有 70 歲的父母，你給他一個蘋果設備，再給他一個傳統電腦，不用學，3 分鐘，哪一個自然會使用？答案很顯然。**簡約意味著人性化，是人性最基本的東西。我們人性裡都是懶的，你能讓我少一步，我就更願意用這個產品。**

微信「搖一搖」，有多少人「搖」過？且不論你為什麼要「搖」，單說「搖一搖」產品的介面，就足夠簡約，沒有任何按鈕和菜單，也沒有任何其他入口，它只有一張圖片，這張圖片只需要用戶做一個動作，就是「搖一搖」，這個動作非常簡單，不用做任何學習，不用在介面裡做任何的文字解釋。很多產品喜歡在程序裡加一些 Tips，覺得這是一個很好的教育手段，可如果你需要用 Tips 去教育用戶，證明已經很失敗，你沒有辦法透過功能本身讓用戶一看就知道。

在 Windows 時代，多任務要按「ALT+Tab」鍵才能體現，在 iPhone 裡，我們只要按兩次「home」按鈕就可以；在 iPad 裡，4 個指頭把它滑上去就可以了。這是一個從複雜到簡單的演化過程。實際上「ALT+Tab」非常複雜，很不人性化，所以我們說 Windows 的體驗不好，MacOS 的體驗好，我們將 iPhone 或 iPad 給一個 4 歲小孩，他拿過來稍加研究就會知道怎麼玩，這展現的就是它的簡單，它的人性化。

產品經理應該像上帝那樣了解人性。筆者曾經看過一句話：「我們喜歡簡單，因為上帝創造宇宙的時候，定下來的規則也非常簡單。」規則是很簡單的，只有簡單的規則才可以演化出非常複雜的事情。所以筆者很不認同許多產品，一開始就做一個複雜的規則，最後沒有任何演化的空間。我們看到很多產品比如 Twitter 都非常簡單，它的規則簡單到你們瞧不起它，但是這樣的東西是最有生命力的。

第三章　極致思維

- 極致就是把產品和服務做到最好，超越用戶預期。
- 只有極限思維，才有極致產品。
- 打造讓用戶尖叫的產品。
- 服務即行銷。

法則 6　打造讓用戶尖叫的產品

法則 7　服務即行銷

第一節
從「通路（渠道）爲王」到「產品爲王」

原來的消費品和零售行業的競爭，核心都在搶奪通路（渠道）資源，「得通路（渠道）者得天下」，其中一個原因是因為中國流通體系不夠發達和終端成本昂貴，使得廠商很難直接面對終端用戶，必須借助通路（渠道）的力量來完成最後的產品交付。但是，隨著互聯網的日益普及，逐漸消除了信息不對稱，以及電子商務逐漸滲透進了居民消費的各方面，使得廠商得以直接面對最終消費者，通路（渠道）變得異常扁平。同時隨著各行各業的產能過剩和產品過剩，廠商必須要從產品和服務本身出發，去迎合和吸引消費者。

所以，「通路（渠道）為王」將會逐步讓位於「產品為王」，消費者的需求將得到更充分的釋放和更合理的滿足。這裡的產品，是廣義的概念，包括有形產品和無形產品，要想在「產品為王」的時代贏得消費者，就必然要具備這種極致思維。

極致就是職人精神

極致思維展現的是一種職人精神；做產品的專注和追求極致。這種精神首先是產品經理這個角色要具備的，能為了實現目標而狠逼自己，要有「鐵人」的意志和偏執狂的熱情，在資源、目標、時間等達到極致的平衡，最終不斷地創造極致產品。

職人精神的內涵是保持專注和追求極致，在時代的快速變化中，職人精神愈來愈成為一種逝去的精神。賈伯斯是職人的一個典範，一位偉大的產品經理，賈伯斯對產品的專注和追求極致的精神將蘋果帶向了成功。互聯網時代的產品經理們，都應當具備此種精神，並將其融入在自己的工作和產品中。

2013 年 10 月 25 日的中國國際廣播電台《老外看點》單元中，瑞士主持人講了一個故事，大意是：瑞士被譽為「鐘錶之國」，到 20 世紀初，瑞士已經是世界鐘錶業的領頭羊，但是在 20 世紀 60 ～ 70 年代，瑞士鐘錶業受到來自日本競爭的巨大壓力，一方面日本的鐘錶便宜，質量也不錯，而瑞士鐘錶貴，因為瑞士的人工成本非常高；另一方面日本的電子計時技術開始在全球盛行，衝擊機械錶市場。當時有一種建議，因為瑞士人工成本太高，可以把生產外包給日本，品牌還是用瑞士，也就是貼牌方式；當時很多的產業都向日本轉移了（就好像當今的中國），比如汽車。但是瑞士並沒有這樣做，這是因為瑞士有幾百年的鐘錶製作經驗和更優秀的錶匠，瑞士的錶匠能夠做得比日本更好、更精密，並且把複雜的零件做得更加極致，比如原本有 300 個零件，最後做成只有 100 個零件，不僅成本降低，質量也更好，日本做不到這一點，因此，瑞士現在還是世界鐘錶業的領頭羊。

瑞士的錶匠們正是這種職人精神最好的代表。

在職人精神中，職人熱愛他們製作的「商品」，「商品」對他們的意義遠遠高於商品，這需要職人對手藝、工藝、技術、科技的陶醉、痴迷、熱愛與精益求精！只有這些傾注了感情的產品和服務，才能夠打動消費者的芳心。

極致就是把產品和服務做到最好，超越用戶預期。如果你的產品和服務做得很好，但是沒有超越用戶的想像，那麼也不算做到極致。

媒體人羅振宇做的自媒體「羅輯思維」就是職人精神的一個代表。每天清晨 6 點半，發微信語音消息，且每段都是 60 秒。為了做到形式上的統一，他每天比別的發語音自媒體的人大概要多錄好幾倍，每次錄十多次才能錄成，這就是一種堅持到底的精神。「選擇早上 6 點半發有兩個原因。第一個，我要搶上全國人民上廁所的時間，我希望爭取到第一個你開始需要閱讀、需要內容的時間。第二個，絕大部分媒體記者做不到像我這樣連續一年，每天早上 6 點鐘起床，這是極苦的事情，這種堅持是為了喚醒尊重。」

互聯網時代的競爭，只有第一，沒有第二

只有把用戶體驗做到極致，才能夠真正贏得消費者，贏得人心。互聯網時代，是一個過剩的時代，是一個消費者主權的時代，互聯網打破了信息在時間和空間層面的不對稱，使得用戶的轉移成本非常之低，只有好的體驗才能真正黏住用戶。從這個意義上說，互聯網時代的競爭，只有第一，沒有第二。

IM（即時通信）工具是互聯網最重要的應用之一，騰訊的即時通訊工具 QQ 是造就騰訊帝國的基石。筆者是一位 6 位數 QQ 號碼的老用戶，也見證了 IM 市場的跌宕起伏。MSN 曾一度是全球最大的 IM 工具，有著微軟高貴的血統，是「高富帥」的象徵，白領階級使用 IM 工具首選 MSN，高檔大器，而 QQ 在商務中使用通常會被鄙視，「那只是學生用來玩遊戲的山寨產品」，估計那個時候的「高富帥」們都是這樣的想法。

時光荏苒，2012 年 11 月的某天，微軟公司向外界宣布，將於 2013 年第一季在全球範圍內以 Skype 全面替代 MSN。隨後，微軟方面稱：「對於此前微軟宣布在明年起將 Skype 和 MSN 合為一體，鑒於中國內地的特殊性，MSN 產品將不會發生遷徙。」朋友們，現在還有多少人在用 MSN 呢？就算用 MSN，好友名單上的灰色頭像和彩色頭像哪個多呢？在中國，MSN 已經被 QQ 全面打敗，而在 IM 市場上，QQ 穩居第一，沒有第二，這就是互聯網時代的殘酷生態現象。

無論是傳統行業，還是互聯網行業，能否為用戶提供極致的用戶體驗都是至關重要的。比如 MSN 在用戶體驗上失分很多，如頻繁斷線、訊息丟失、無法傳送大容量文件、盜號多、病毒鏈接多、廣告信息多、垃圾郵件多等。而反觀 QQ，在用戶體驗上不斷創新，比如工作時候為了聊天方便，QQ 面板是可以自動隱藏的，對話出現是右下角閃動提示，還有 QQ 可以直接斷點傳送文件，QQ 郵箱可以快速收發超大文件，手機客戶端的 QQ 也能方便的收

發信息等等。

好產品會說話

所有的公司都有顧客，而優秀的公司有用戶，至於最優秀的公司則有一群會說話的粉絲，粉絲就是好產品的代言人。為什麼「好產品會說話」？因為「一切產業皆媒體，人人都是媒體人」。

在互聯網時代，媒體的傳播已經從傳統自上而下的傳播逐漸扁平化，每一個有影響力的用戶都將變成自媒體，不管是名人明星、已成規模的微博大號、微信公眾帳號，還是普通的用戶，都會不斷地承接著由信任賦予的新媒體權力！

「果粉」以及「米粉」憑什麼會為產品去搖旗吶喊，主動傳播？原因就是一個讓用戶尖叫的好產品。一個好的產品一定解決了用戶的痛點、癢點、興奮點之一的需求，並且有極致的用戶體驗，讓用戶願意去快樂地分享這種解決需求的新鮮感、快感甚至榮譽感，分享到一定程度，很有可能就「引爆流行」，而分享的核心是用戶的信任背書，不管是朋友圈的強關係，還是微博的弱關係。想想看，如果一個朋友說這個東西好，那我是不是也願意去購買或者使用呢？這個時候，「酒香不怕巷子深」了。衡量一個產品的尖叫指數，就看你的產品被用戶在朋友圈轉發的次數。我們之後談到社會化行銷的時候，口碑行銷這些方式就是好產品會說話的典型應用。

第二節

法則 6——打造讓用戶尖叫的產品

網路上流傳著這樣一個段子，小米公司的 CEO 雷軍在 2013 年中國互聯網大會高層年會上與虎嗅網創始人李岷有這樣一段對話：

李岷：雷總談談紅米會不會對小米品牌造成負面影響？

雷軍：我們不考慮，我們只專心做出讓用戶尖叫的產品。

李岷：雷總談談小米構建的鐵人三項？

雷軍：三項啊，我們只專心做出讓用戶尖叫的產品。

李岷：雷總談談小米的生態系統？

雷軍：生態？我們只專心做出讓用戶尖叫的產品。

李岷：雷總談談對當下行動互聯網的看法？

雷軍：這個啊，我們只專心做出讓用戶尖叫的產品。

李岷：雷總對可穿戴設備有什麼看法？

雷軍：可穿戴啊？我們只專心做出讓用戶尖叫的產品。

李岷：雷總對改變世界怎麼看？

雷軍：不關心，我們只專心做出讓用戶尖叫的產品。

……

……

……

李岷：雷總……

雷軍：呵呵，我們只專心做出讓用戶尖叫的產品。

李岷：啊啊啊啊啊啊啊啊啊啊啊啊啊啊啊啊啊啊啊啊啊啊啊啊啊（尖叫聲）

其實，這些對話完全是藝術加工的一個故事而已，但是藝術來自於生活，實際現場對話的內容表達的其實就是這個意思，「打造讓用戶尖叫的產品」這種理念應該說已經植入小米公司文化的骨髓裡。

什麼樣的產品和服務才會讓人尖叫？答案就是超越用戶預期的產品。

尖叫是用戶口碑，尖叫的背後是超越預期的用戶體驗。

美國雅虎前任 CEO 卡羅爾·巴茨（Carol Bartz）在剛上台的時候信心滿滿地給所有員工寫了一封信，其中一句是：「我們的新產品要讓用戶發出尖叫聲。」可是兩年半後，卡羅爾·巴茨被董事會提前解雇。分析其原因，矽谷科技史《浪潮之巔》作者吳軍談到其中最重要的一點就是，巴茨對互聯網行業來說是外行。

互聯網時代的企業 CEO 首先必須是一位產品經理。有意思的是，後來雅虎請來了谷歌美女總裁瑪麗莎·梅耶爾（Marissa Mayer）擔任公司 CEO，而瑪麗莎·梅耶爾除了是一位美女，更是一位資深的產品經理。

如何打造超越用戶預期和極致的產品，讓用戶尖叫？下面介紹一下打造極致產品的「四個關鍵點」。

一. 需求要抓得準

我們說的需求用通俗的話來說包括痛點、癢點和興奮點。

痛點：用戶需求必須是「剛需」（註①）用戶存在問題，苦惱無處解決，這些痛就是其急需要解決的問題。

癢點：工作和生活過程中有彆扭的地方，既乏力又欲罷不能，需要有人幫助搔搔癢。

興奮點：給用戶帶來「wow」效應的刺激，產生興奮點。

可以用三個動畫片的形象來描述這三點分別是：鹹蛋超人、《喜羊羊與灰太狼》中的懶羊羊、湯姆貓與傑利鼠。怎麼說呢？鹹蛋超人就是代表痛點，也就是要幫用戶解決問題，讓用戶變得強大起來，無所不能，比如交通、醫療、教育的工具，電子商務的本質也是如此；懶羊羊代表的就是癢點，互聯網讓人愈來愈方便，也讓人變得更弱智、更懶，比如導航工具、雲端筆記、金融工具等；湯姆貓與傑利鼠是一個充滿了喜劇和誇張的形象，第三點的興奮點就是這樣，要能夠讓用戶開心、爽，很多遊戲滿足的就是用戶這方面需求。

強需求勝過一個好產品。不能從「強需求」出發的產品，很難稱得上是好產品。「強需求」是什麼？看看「滴滴打車」這個案例（類似的工具還有「快的打車」、「搖搖招車」等）。在這個工具的引導頁中，講了一個經常出現的情景：在一線、二線城市，城市是非常大的，很多事情靠走路是辦不到的，並且由於大眾運輸的用戶體驗很不好以及市民的需求愈來愈高等原因，城市計程車的需求就非常旺盛。比如武漢，每 1 萬人只有 12 輛計程車提供服務，經常出現的情況是，在天氣不好或者上下班尖峰時間，人們通常無法叫到計程車，因此，滴滴打車類工具的出現就是實現了乘客可以預約好計程車，司機也可以根據乘客的需求來提供服務，這樣還提高了駕駛的效率，也就是建立了乘客和司機的需求供應平台。在這類工具剛剛推出的時候，業績並沒有很出色，直到滴滴打車做了一個小小的改進：加價服務，用戶數才大幅增長，原因是什麼呢？用戶的需求不僅僅是提出預約需求，而是要能夠儘快找到車，哪怕多花一點錢也沒關係，而對司機而言則是透過辛苦的服務可以得到更多的回報。

「大姨媽」是中國境內非常受歡迎的女生月經期助手應用程式（同類應

用程式還有「西柚」等），由友樂活團隊開發，友樂活團隊一直專注在行動健康領域，健康領域按道理應該是必要的需求，誰不關心自己的健康？可是在做「大姨嗎」之前，友樂活團隊做過「按哪兒」、「吃啥」、「健康我知道」等好幾款應用程式，但這幾款應用程式先後都遭滑鐵盧。「你這問答和按摩算什麼剛需啊，比如女生的月經，一個月來一次，那才是剛需。」這是友樂活團隊的一個朋友和他們說的。這簡單的一句話讓創始人柴可覺得醍醐灌頂，據說第二天，柴可就投入到「大姨嗎」的事業中。女性經期在健康領域中是一個極細的分項，卻是每個年輕女性都需要面對的，每個人的算法和規律又不同；還有一點，這種私密的細分領域有問題通常是很難去諮詢和交流的，有痛點也有癢點，這正是行動互聯網的機會。

目前，被譽為最大剛需市場是教育和醫療市場，正醞釀著無數的痛點、癢點、興奮點。「大姨嗎」這個案例就是行動醫療健康領域的一個代表，目前在行動醫療健康領域，已經有不少企業提供相關的服務，如「好大夫在線」、「春雨」、「愛康啄木鳥」等。不同企業的切入點不同，「好大夫在線」解決的是專家掛號和問診的問題，「春雨」提供的是簡單的疾病諮詢，「愛康啄木鳥」則是提供針對兒童的疫苗及健康管理、針對家庭的簽約家庭醫生＋專科醫生的 O2O 分級醫療服務體系。

剛需不是一個固定的點，而是一個不斷變化的過程，會隨著用戶的需求和市場競爭的變化而不斷地改變，產品經理不僅要能精準掌握市場的剛需，也要能敏銳捕捉到用戶需求的變化，其中有一種方法就是消費者會參與產品決策。

創業者們開始行動之前，一定要想清楚自己解決的問題是否是剛需？如果不肯定，一定要給自己改變的時間和機會。

二 . 自己要逼得狠

小米科技聯合創始人王川有一句話在小米廣為流傳：「極致就是把自己逼瘋，把別人逼死。」只有把自己逼瘋，才能夠為用戶提供超出預期的產品和服務，這包括滿足和超出用戶預期的需求以及價格等方面，特別是對於廣大的 Loser 們。極致的產品既是拉動用戶的根基，也是競爭的強有力壁壘。

小米手機為了讓「用戶尖叫」，下的最大功夫就是高配低價。小米每推出一代新產品，一定是當時速度最快的業界首發產配置，且價格做到業界最低。小米第一代手機推出時，按當時的配置應該定價 3、4000 元人民幣，而其最後的定價不到 2000 元。小米機上盒、電視推出的理念也是如此，如何能夠做到這一點，就是要把自己逼得狠一點，首先是選擇最好的供應鏈廠商並且花大力氣去整合，其次是在生產階段做出最好的產品。

小米內部對產品的規畫有三個標準：某個設計，如果有存在的意義「加正值」，存在與否無所謂即「不加不減」，產生負面效果「加負值」。小米的設計非常謹慎，不僅「負值」的設計會去掉，而且「不加不減」的設計也會被抹去，以求把每個工具調到最優的方式。小米手機看似沒有特色，但是還原了產品的本源——緊緊追逐並滿足著「米粉」的需求，極致而非極端。小米的設計團隊有著比消費者要求更高的設計標準，當一個產品做到極致的時候，還會擔心銷售嗎？還會擔心賺不賺錢嗎？顯然，回歸產品比死盯銷售數據來得更實在。

誰把自己逼瘋，誰就能把對手逼死！

有這麼一句廣告語：「男人，就是要對自己狠一點。做產品，也要對自己狠一點！」

三 . 管理要盯得緊

產品經理最早出現在 1927 年的美國 P ＆ G 公司，而互聯網時代的產品經理又具備了更多的內涵。產品經理最重要的任務要能夠敏銳地發現和激發用戶的需求，找到用戶的剛需點，完成對產品的定義和規畫，並且能夠快速整合內部的資源去實現這個目標。拿破崙說過：「一頭獅子帶領的一群羊，能打敗一頭羊帶領的一群獅子。」在互聯網時代，企業的領導者就是最大的產品經理。不僅僅領導者是一頭獅子，還要能夠帶領團隊的管理人員都變成獅子，從組織建設的角度，要從傳統的「火車跑得快，全靠車頭帶」的普通列車思維，轉變到「火車跑得快，不只車頭帶；多動力組合，跑得風樣快！」的高鐵思維。

中國前三大互聯網公司之一的 360 公司，其董事長周鴻禕的微博簽名是這樣的:360公司首席用戶體驗官，曾經的程式設計師現在的產品經理。雷軍、馬化騰都是公司最大的產品經理，互聯網公司非常注重產品經理的挑選和培訓，也會形成一套比較完善的產品經理培訓機制。

Facebook 前研發經理王淮在《打造 Facebook》一書中提到：「重大的產品發展方向，都是祖克伯做最後的決定。而對於他熟悉的產品，他幾乎都會對每個環節提出建議！在工作場合裡接觸祖克伯，基本上都是在開產品研討會議的時候。不同的產品，進行研討的頻率也不一樣：比較核心的產品可能每週 1 ～ 2 次，整個公司可能也就五、六個這樣的項目，其他產品可能 1 ～ 2 個月一次。我記得祖克伯在一封郵件中曾經對開發平台的一個頁面設計提出了非常細節的建議，細到其中一個按鈕離邊界的距離應該減少幾個畫素。」

CEO 們，你們除了談戰略和資本，還是一位合格的產品經理嗎？

四 . 要敢於「毀三觀」

在發現澳洲的黑天鵝之前，17 世紀前的歐洲人認為天鵝都是白色的，但隨著第一隻黑天鵝的出現，這個不可動搖的信念崩潰了。這種現象稱之「黑天鵝事件（Black Swan event）」，指非常難以預測且不尋常的事件，通常會引起市場連鎖負面反應甚至顛覆。美國「911 事件」就是典型的黑天鵝事件，難於預測，更難的是賓拉登居然能想出飛機撞紐約世貿雙子星大樓的攻擊事件。「黑天鵝」的邏輯是：「你不知道的事比你知道的事更有意義。」而從產品經理的角度來說這個邏輯：「用戶沒想到的事比用戶能想到的事更有意義，更能讓用戶尖叫！」

這種顛覆了大多數人傳統認知的做法，就是「毀三觀」。「毀三觀」為網路名詞，形容一件事情幾乎顛覆了自己的人生觀、價值觀、世界觀，常用來泛指那些顛覆大多數人一般看法的人、事或物。三觀在這裡不僅僅指人生觀、世界觀和價值觀，也可以是物質守恆、能量守恆等多數促成人們對傳統事物既定認識的理論。

所有的這些慣性思維，需要我們敢於「毀三觀」，打破這些思維定勢，如果能做到，通常會帶來顛覆性的效果，當然法律和道德的底線不能突破。

360 公司的董事長周鴻禕就是典型的「毀三觀」代表，當防毒軟體行業全面採用收費模式的時候，他卻免費了，整個防毒軟體行業進行了洗牌，這個行業不是沒了，而是生態系統變了。同時，周鴻禕一直不斷地「毀三觀」，這也是其生存之本，帶來的結果是，360 公司已經成為市值百億美元級別的巨頭了。

對於傳統行業的電視媒體節目，我們用三個例子來看看它們是怎樣用「毀三觀」的方式來創新的。

《中國好聲音》節目的「毀三觀」在於：導師看不到學員的模樣，當聽到自己喜歡的歌手時需要轉身，轉身之後，導師開始表演和拉票，因為學員要選擇其中一位導師；從以前的「老師選學生」到現在「學生選老師」。

《我是歌手》節目的「毀三觀」在於：以前是看明星去挑選學員，而這時明星就是學員，我們可以把明星淘汰，可以看明星使勁兒地去賣萌。

《爸爸去哪兒》的「毀三觀」在於：明星的私人隱私真的看不得嗎？不

但可以看，還可以看明星爸爸們怎麼去教育自己的孩子。

「毀三觀」的核心不僅是打破常規的認知，去挑戰人們的好奇底線，而是在於創新以及不斷的微創新。

註①：剛需：全名為剛性需求，指的是必要的需求。

第三節
法則 7——服務即行銷

超越期待

前面提到，極致就是超越預期，那麼極致的服務，自然也是超越用戶預期的。比如「海底撈」火鍋的排隊折紙鶴服務（註①），就是超越期待的服務，為什麼？因為我的座位坐滿了，顧客去等位是合情合理的，我只要保證有空間讓顧客可以等位，就已經可以了。在這個基礎上，送免費飲料零食、免費做指甲和擦鞋這些服務其實都是可以不提供的，這並不是店家的義務，但是，海底撈一開始就提供了這些超越期待的服務，也因此獲得了消費者的口碑。

淘寶精油品類銷售第一名的「阿芙精油」，在 2013 年「雙 11」促銷又摘得化妝品品類的桂冠。阿芙精油的成功依靠極致的服務體驗，真正詮釋了什麼是「服務即行銷」。

阿芙的客服是 24 小時無休輪流上班，客服人員分 「重口味」、「小清新」、「瘋癲組」、「淑女組」等風格，阿芙的客服人員安紅、穿靴貓等甚至成了淘寶名人。

阿芙的送貨部門，穿 Cosplay 的衣服，化妝成動漫裡的角色為消費者送貨上門，想想當開門時送貨員這麼有喜感地站在你面前是什麼感覺？

在送來的包裹中，不僅有消費者購買的商品，還有大量的小型試用包和贈品，比如絲瓜手套、臉部小按摩棒……這些小贈品其實成本不高，但是卻讓消費者有意外和超越預期的收穫，達到了二次行銷的作用，吸引用戶再次購買。如果快遞延誤，消費者還會收到「心碎道歉信」。

為了增強用戶黏性，阿芙推出了包郵卡，全年包郵卡一張 9.9 元人民幣，一年買任何東西免郵費；至尊包郵卡則是一個卡狀的 4G 隨身碟，59.9 元人民幣終身包郵。其祕密就在於，當人們買了包郵卡時，你會覺得自己不多買幾次就虧了。

除了購買過程的服務體驗，阿芙還設有「首席驚喜官」，他們每天在顧客留言裡尋找、猜測哪個顧客可能是一個潛在的推銷員、專家或者連絡人。找到之後他們就會詢問地址寄出包裹，為這個可能的「意見領袖」製造驚喜，使阿芙獲得更大的曝光量和推薦機率。

同理心

真正超越用戶期待的服務，其實是一種人與人之間的情感交換過程。這是一種店家和顧客之間的默契，彼此尊重，彼此需要，彼此平等，非常的重要和難得。

服務的精髓就是三個字：同理心。

同理心，就是彼此可以感同身受的心，顧客和服務者之間是可以感同身受的，好似陌生但勝似朋友般的默契，這樣的服務是讓人愉悅的，而且顧客和服務者雙方都是愉悅快樂的。

我們都應對彼此抱有同情心，無論你是顧客還是服務者，都是這個世界的一員，服務者提供服務是他的工作，顧客來這裡被服務之後，也要去做自己的工作，你的工作和他的工作雖然薪酬有高低不同，但從某種意義上來看並無區別，因為都是自己的安身立命之本而已。從人的本質上說，我們並沒有區別，或有高低貴賤之分。

享有「中國最好的店」盛譽的「胖東來」，總部位於河南省許昌市，經營的是競爭激烈的零售業，對手既有國際巨頭「沃爾瑪」、「家樂福」，也有台資的「丹尼斯」，還包括內資大型零售企業「大商集團」、「世紀聯華」。在這樣的競爭環境下，2011 年，胖東來市區幾家店的零售額占到整個許昌市零售總額的 1/3，如果算上整個許昌地區的銷售額，胖東來占全市零售總額的比重超過了 6 成！

胖東來是怎麼做到的？就是透過極致的用戶服務來實現的，這種極致的用戶服務體現在滿足了人們「心中有，口中無」的隱形需求，通常第一次被服務的用戶會有完全超越預期的感受。進入胖東來時，一進門你會發現工作人員都是笑容滿面的，他們發自內心的和你進行溝通，跟你說話沒有不喊哥不喊姐的，你只要抱著孩子，提著東西，上下樓梯，馬上有人幫著你，讓人感受到他們服務的熱情。許昌縣的一位高中老師有過深刻的購物體會。一次，因要購買為母親配藥需要的 4 兩蕎麥麵，他幾乎跑遍了許昌大街小巷的糧油店都沒有買到。路過胖東來的時候，他抱著姑且一試的心態進去問問，一問也沒有，他沮喪極了。這時營業員拿了一個顧客意見簿讓他填寫需求，並留下電話，第二天下午，他接到胖東來的電話，問他詳細地址，說要給他送 4 兩蕎麥麵。晚上兩名員工把麵送上門後，卻沒有收錢，說：「大娘有病，這是我們該做的，一點兒麵就不收錢了。」回頭這位老師把麵一秤，哪裡是4兩，足足有 4 斤啊！

同理心，就是進入並了解用戶的內心世界，彼此可以感同身受的心。

人人都是服務員

雷軍在發布小米 1 的 PPT 中有一個圖片，他是小米客服的 001 號，而整個小米是全員客服。傳統企業的做法是管理團隊下設產品團隊和客戶團隊，兩者不定期進行用戶研討，與用戶的接觸與交流總是隔著一層，也不夠實際；小米則是管理、產品和客服團隊同時透過新媒體接觸用戶。

提升客戶反映速度也很關鍵。小米的微博客服團隊有一條硬性規定，在用戶 @ 小米之後，必須在 15 分鐘之內做出回應。要知道，小米的新浪微博自 2011 年 8 月上線以來，@ 小米手機擁有 217 萬粉絲，@ 小米公司擁有 159 萬粉絲。

此外，小米還對進入的新媒體陣地進行了定位劃分，除了共同承擔客服的任務以外，形成了「微博拉新、社群沉澱、微信客服」等體系化營運架構，以此將每個陣地的屬性效果發揮到最大值。

註①：海底撈火鍋的排隊折紙鶴服務：餐廳客滿時，顧客可邊候位邊折紙鶴，所折的紙鶴數，可依店家規定折抵消費。

第四章　迭代思維

- 迭代思維體現在兩個層面，一個是「微」，小處著眼，微創新；一個是「快」，天下武功，唯快不破。
- 傳統企業需要一種迭代意識，即時、確實地掌握用戶需求。

第一節
從敏捷開發到精實創業

敏捷開發

敏捷開發是互聯網產品一種典型的開發方式，不是傳統軟體公司大項目產品開發模式，而是經由小項目不斷進行迭代、循序漸進地開發。不追求完美，允許有所不足，儘早將產品推到用戶跟前，接收反饋，不斷測試，在持續迭代中改善產品。這種迭代的互聯網產品開發方式已經愈來愈普遍。

互聯網產品能夠做到迭代主要有兩個原因：

一 . 產品供應到消費的環節非常短

想像一下，傳統企業的產品，從原料轉化為產品，最終到消費者手中，往往要經過經銷商、批發商等環節，從生產源頭到消費者末端距離拉得愈長，不管是企業還是消費者，面對的成本就愈高。

至於互聯網產品，公司開發出的產品上線之後，如果是網站功能，消費者只要刷新頁面，瞬間就可以了解產品的更新；如果是行動應用程式，發布之後，從軟體應用程式市場就可以立即獲得產品的更新，這個中間，不會再有層層的批發商。我們可以想像，新浪微博一個功能的上線，只需要將相關代碼發送到伺服器，功能的啟用是瞬間的，用戶只需要刷新頁面，就可以看到新功能了。而即使像微信這樣的行動客戶端，只要廠商發送到電子市場，用戶的客戶端就能檢測到更新，直接下載。所以，產品從供應到消費的環節非常短。

二 . 消費者意見的反饋成本非常低

在傳統企業，要收集到消費者的意見所需要付出的成本較大，一般是透過問卷調查、電話訪問等方式。消費者也沒有便利的管道進行意見反饋，而且最重要的是透過這些方式收集到的意見不一定能夠代表消費者內心的想法。

但是如果是透過互聯網的方式進行，反饋的成本幾乎為零，而且十分便利。一方面我們可以直接收集用戶的行為數據，用於分析，以線上教育網站為例，就可以分析用戶觀看課程的行為，透過行為的異常，比如長時間停留、拖動、暫停等分析用戶的難點；另外一方面就是對用戶的調查也更加方便，只需要透過一個網頁，而不需要派一堆人發傳單，再收集、整理傳單。這會讓消費者樂於反饋意見，而且反饋的內容是比較真實、迅速的。

精實創業

精實創業（Lean Startup），是矽谷流行的一種創新方法論。它的核心思想是，先在市場中投入一個極簡的原型產品，然後透過不斷的學習和有價值的用戶反饋，對產品進行快速迭代優化，以期適應市場。艾瑞克・萊斯（Eric Ries）寫了一本書叫《精實創業》，描述的就是這些關於創業、創新和產品的理念。其中有兩個重要的內容，一個是價值假設，或者稱為需求假設，另一個是最簡化可實行產品。價值假設是認為我們創造的產品能夠為用戶提供價值，可以解釋為公司打算推出一款新產品，是因為察覺到市場裡有一批用戶對這款產品有需求，但這種需求存在極度的不確定性，這個時候就需要用一個最簡單的方式去馬上驗證，即最簡化可實行產品，透過最小化的成本生產出最精簡的產品。在驗證過程中，有時候會發現這個需求確實存在，或者這個需求存在但是產品的模式及一些做法不一定會被市場接受，那麼透過最簡化可實行產品還可以方便地調整各種策略和計畫，即使失敗也有及時退出的餘地。

敏捷開發和精實創業講的都是同一種理念，也就是我們這裡所說的迭代思維。迭代思維是互聯網產品開發中一種重要的思想和方法，非常多的成功產品應用了迭代思維，非常快地獲得了市場的驗證，並且快速地改進，從量變到質變，從而獲得巨大成功。世界上很多真正成功的公司也都是從一個小的點開始做起的。比如 Facebook，它的第一版本主要目的就是幫助哈佛的學生找男女朋友，當時祖克柏只花了一、兩周的時間去編程上線。eBay 也差不多，簡單來說就是一個程式設計師為熱愛收藏的女朋友建立可以與其他人進行收藏與交流的平台。亞馬遜也是這樣，雖是售書起家，但當時創始人的雄心並不僅是售書，可能因為美國運輸成本相對較低，他就從售書切入，然後慢慢做起來。

在迭代思維中，我們主要提供了兩個法則。一個法則是小處著眼，微創新，這個點強調的是要長久持續而快速地在產品、體驗方面進行改進，持續改進多了，就促進了創新，甚至是顛覆性的創新。另一個法則是天下武功，唯快不破，這一點強調的是，快是互聯網產品的發展根基，產品開發要快，發展用戶要快，這樣才可以立足於市場，贏得競爭。而為什麼能快，也跟小處著眼、專注是分不開的，兩點互為依存，微創新是快的內在表現形式，快是微創新的外在結果。

傳統企業更需要的是一種迭代意識

傳統企業是研發、生產、銷售的標準模式，需求階段更常依靠市調和第三方報告，研發周期長，產品推出上市就如命運占卜；互聯網追求的是快速迭代和用戶參與，周期短、風險小，互聯網的產品經理模式正在迅速得到推廣。

所以說，迭代不僅僅是一種產品開發模式，更是一種思維方式，無論你是互聯網的創業者，還是傳統企業的掌舵人，都要具備迭代意識。迭代思維的本質是要即時乃至確實地掌握用戶需求，並能夠根據用戶需求進行動態的產品調整。

對於傳統企業來講，迭代不是說你要一個月推出一個新的產品，因為有形產品與無形產品的邊際成本是不一樣的。但是傳統企業完全可以用這種迭代意識去指導整個產品開發和新品上市流程。

第二節

法則 8——小處著眼，微創新

進入「微」時代

隨著互聯網的演進，信息迅速流動更新，人們比較難沉靜下來去琢磨和學習一個複雜的工具，或閱讀一篇冗長的文章，尤其是行動互聯網時代的興起，我們的時間更被碎片化，相應的「微」產品就大行其道，微博、微信、微拍、微視等，「微」成為了日常生活的主流。

連我們的創新也要具體而「微」，「微創新」這個詞最早流行，也是從互聯網領域發端。早在 2010 年 7 月，互聯網大老周鴻禕在接受雜誌專訪時就提到了微創新，並列舉了其產品的數個微創新點，而後在 2010 年 8 月的互聯網大會上，周鴻禕發表了「用戶至上，持續微創新」的演講，並對微創新做了如下定義：「你的產品可以不完美，但是只要能打動用戶心裡最甜的那個點，把一個問題解決好，有時候就是四兩撥千斤，這種單點突破就叫微創新。」微創新又可以稱為漸進式創新，眾多的微創新可以引起質變，形成變革式的創新。

自此，談論微創新、實踐微創新成為一種潮流，微創新甚至成為創業尤其是互聯網創業和產品研發必須要遵從的標準。

微創新一直在改變世界。

微創新雖然是一個新詞，但在筆者看來，在歷史上，微創新本身並不是新東西，相反的，微創新改變了文明發展進程的事情一直存在。我們來看看這幾個在歷史上改變文明進程的例子：

一 . 馬鐙

中國在西元前 3 ～ 4 世紀就開始使用馬鐙，這是一個細微的創新，極大地解放了騎馬者的雙手，達到改變歷史、重構世界版圖的作用。史學家林恩·懷特（Lynn White）在《中世紀的技術和社會變遷》一書中提到，「很少有發明像馬鐙那樣簡單，而又很少有發明具有如此重大的歷史意義。馬鐙把畜力應用在短兵相接之中，讓騎兵與馬結為一體。」

二. 拉鍊

吉迪昂·森貝克（Gideon Sundback）於 1913 年改進發明了拉鍊，最初用於高筒靴的這一看似極小的發明，不但提高了生活的便利，其在軍方的應用，更是降低了事故的發生率。當今，從衣服鞋子到箱子包包，拉鍊在人們的生活中無處不在，堪稱最為實用的發明。

三. 貨櫃

貨櫃，一個個冷冰冰的或鋼製或鋁製的盒子 , 在以往的運輸工具之上加了一層貨物容器，又是一個技術性並不高的發明，卻被認為是僅次於「互聯網」的一個發明。互聯網是使世界變平的重要力量，而貨櫃同樣是「使世界變平」的重要力量，在全球化的商品貿易中，我們不能想像沒有貨櫃的日子。

以上三個小小的產品或者三個微創新都改變了世界，甚至改變了歷史。這樣的產品，我們還可以舉出很多很多，所以說微創新一直在改變世界。

微創新成爲主流的背後邏輯

以上列舉歷史上的這些微創新可以說是一種偶然，是一種不自覺、不主動的產品，而不是必然，絕對不是習慣的造就。而在今天，世界變平了，行動互聯網和互聯網極大地縮減了人們交流的時空距離，微創新將成為必然，將成為常態。我們就在想，是什麼使微創新成為主流，甚至是必須成為主流？

總結來講，有以下幾點：

一. 行業巨頭林立

在互聯網的每一個領域，基本上都是巨頭林立，巨頭們分占了絕大部分市場，在新的創業者面前樹立起了不可逾越的障礙。行業的新進入者，不能直接和巨頭進行競爭，不能直接和巨頭搶食，只能在巨頭不願意關注或者沒有關注到的細節上打開一個口子，然後迅速做出產品搶占細分的市場，透過快速迭代更新和改善產品，進一步擴大市場的占有率和影響力，等到巨頭們回過神來，開會討論出方案後，已經很難進行壓制了。

說到微創新，就不能不提360的發展，360就是在中國互聯網格局初定，群雄並存的情況下發展起來的，除了在安全防毒的免費策略之外，產品的微創新也是其成功的重要保證。以360安全衛士一個小的軟體做為突破口，用一個又一個小的微創新，有功能上的微創新，比如安裝漏洞、清理垃圾、電腦體檢；也有體驗上的微創新，比如開機比較等，迅速地擴大了桌面軟體的市場占有率，成為互聯網的新巨頭。

360在做安全衛士之前，也嘗試過社區搜尋等產品，企圖從巨頭手裡分一杯羹，但是最終無疾而終。

二. 創業者在早期的資源和精力有限

在大公司面前，創業者的資源相當有限，人員是有限的，一個人當多人用；金錢是有限的，請不起高薪的員工，買不起「高富帥」的軟硬體系統；時間也非常有限。那麼在巨頭面前，我們能做什麼？創業者只能以精實創業的思維，分析用戶需求，透過小成本小規模地製作產品的基本原型或者「最小可用產品」，經由早期用戶的驗證，找準用戶的痛點。

以淘寶初創為例，淘寶面對eBay競爭，從國外購買了PHPAuction，用一個月的時間，迅速修改上線，但是，其從一開始，就不是對eBay的簡單模仿，而是根據國內用戶的需求，沒有強推拍賣，增加了「一口價」、「求購商品」等功能，甚至在第一年就增加了支付寶的原型「安全交易」功能。可以說，除了強大的行銷推廣之外，淘寶也是透過種種產品上的微創新，迅速地成為國內第一的C2C平台的。

三.技術讓「微創新」成為可能

當今互聯網思維中的微創新是迭代思維的一條法則，微創新的成功是以迭代為前提的。可以說，互聯網時代的各種技術讓微創新的迭代成為可能。

我們可以想像一下，在傳統產業，甚至桌上型電腦軟體市場中，迭代的推進都是比較困難的，比如家具業，雖然改進了製作的家具，但很難在短時間內銷售給過去的購買者。在網路不通暢的時代，客戶端軟體的升級，是軟體廠商一個很頭痛的問題。

在當今的互聯網時代，軟體的更新、網站的更新時時刻刻都在發生。以網站為例，所有的服務和程序，都是駐留在伺服器端，用戶透過瀏覽器去訪問服務，更新迭代的速度相當快，伺服器端更新了程序，更新了版本和客戶端，只要刷新一下立即就可以享受到最新的服務，從而對新的服務產生不同的反應或者提出不同的建議。而現在的行動互聯網軟體，只要發布，當天即可更新，最典型的例子就像小米手機的操作系統—— MIUI，做到每週必更新一個版本，每一個版本都有新的體驗改進，都有一批新粉絲的微笑需求被考慮和解決。這在功能機時代是無法想像的。

四.用戶追求簡單

現在是行動互聯網時代，是「微」時代，應用和服務的場景都充斥在用戶碎片化的時間中，而在短時間之內，用戶不太可能享用長時間的服務，你做一個巨大的創新，做一個巨大的平台，用戶也沒有時間和耐心去了解、享受你的成果。人又有「懶」的本性，一切工具的演進和推出，都是在提高效率，釋放用戶現有的能量和時間，所以微創新有的時候就是讓過去一個很煩瑣的事情變得異常簡單。

最近半年興起的 360 隨身 Wi-Fi 就是這樣的一款產品。在這款產品出現之前，蘋果系統手機、Android 系統手機都可以比較方便地設置成為無線熱點。也就是說，只要這些設備能上網，它就能變為一個無線熱點，能發射無線訊號，讓別的設備連到這個無線熱點上，共享上網。但是在 Windows 系統中，這其實是一項技術，技術人員可以安裝一個叫 Connectify 的軟體來做這件事。360 隨身 Wi-Fi 就將這個做得像插隨身碟一樣簡單，假設在賓館出差，筆電插上有線的網路，再插入 360 隨身 Wi-Fi，這台電腦就可以為其他的設備如智慧手機、平板電腦提供無線上網服務，就是一個小小的硬體，大大簡化了操作，直擊痛點，2013 年初才推出的產品，2014 年有望銷售 1000 萬隻。

五 . 關鍵行為決定發展

我們將二八定律（註 ①）應用到產品設計中來，也可以看成是微創新之所以能迅速獲得成效的一個原因。這 20% 的行為是關鍵行為，如果我們在早期試探階段，及早發現這 20% 的行為，以有限的精力或者精力的 80% 用在這 20% 上並加以強化，那麼微創新的成效必然非常顯著。

成功的微創新者正是遵循了這條準則。

騰訊 QQ 的微創新乃是中國互聯網永久的範例。QQ 是模仿自以色列的即時通訊軟體 ICQ，甚至曾取名 OICQ，如今 ICQ 已經籍籍無名了，而 QQ 則在此基礎上發展成為中國第一大互聯網商業帝國。

QQ 從最基礎的聊天起家，從聊天、線上狀態最基本的交流需求開始，無論是在產品體驗還是收入上，都一步步地展開了它的帝國鑄就之路。它用傳送文件、發送表情、QQ 群等特色需求，擊敗了一個又一個競爭對手，包括微軟的 MSN；它用 QQ 秀、QQ 會員、QQ 遊戲等構建了它穩固的商業模式，QQ 正是在發展中找到了針對用戶的關鍵行為，從而獲得持續成功。

如何實踐微創新

微創新如今已成為社會創業和互聯網產品發展的主流共識，那麼，如何實踐微創新呢？

一．一定要以用戶思維為前提

正如互聯網思維以用戶思維為基礎思維，微創新也是以用戶思維為前提的。微創新不是漫無目的的小發明、小創造，正如上面所說，首要的必須是改善用戶體驗、擊中用戶痛點。

做為微創新的倡導者，360 無疑是微創新的箇中高手，其所做的一切微創新產品與服務，都以用戶為先，擁有用戶的支持，才有當今 360 幾乎無可匹敵的力量，360 內部就有一種說法叫「拜用戶教，用戶體驗原教旨主義」。周鴻禕自命為首席用戶體驗官，他在多個場合強調，做產品的要拋棄專家思維，要用普通用戶的眼光去看產品，「要做出微創新，就要像鑽進用戶的心裡，把自己當成老大媽 、大嬸那樣的普通用戶去體驗產品。」

從 360 身上，我們可以看到用戶思維在兩個方面的展現：一是他們的產品，從使用上來講，是極簡體驗的，像安裝漏洞，一鍵即成；二是對用戶的服務。周鴻禕做 CEO，儘管是 700 萬粉絲的大 V（註②），儘管 360 已經是一個數千人大公司了，但是對用戶投訴與服務的快速回應，是一般創業團隊都要學習的。

二．從細微的需求出發

社會上總是存在很多的抱怨，市場總是存在很多的不足，操作流程有些地方總是非常的煩瑣，用戶總是想著能更方便一點，這些都是問題，每一個出現問題的地方，就是創新的機會。

上面的 360 隨身 Wi-Fi 是一個例子，再舉一個案例來說明微創新的機會，那就是微信。自有了手機以來，簡訊一直都是一個看似微小，實際上達數百億元商機的市場。這個市場一直被營運商所壟斷，但是從「中國移動」的飛信（註③）發展上，我們看到了這個市場的潛力。一款靠著免費發短信的 IM（即時通訊）一度發展了近億的用戶，並成就了一家上市公司「神州泰岳」。

而隨著智慧手機的興起，行動互聯網時代的到來，3G 網路、Wi-Fi 熱點的隨手可得，利用網路來發免費短信也就出現了。微信正是站在這一個基本的起點上，依靠騰訊的強大平台迅速崛起，至今令競爭對手望塵莫及。一個最初為了解決免費短信需求的產品，而今無論是在遊戲、電商、支付、O2O各個行業，都令人充滿嚮往，從而也令騰訊市值一舉衝上千億美元大關。

面對微創新，無論你是大公司還是小團隊，都是公平的，這也是微創新之所以能被互聯網大老們倡導，也為小團隊所追捧的一個重要原因。面對微創新，我們要做的事情就是去發現用戶的問題，找到解決問題的方法和機會，哪怕就是一個微小的點。所以我們看到上面的例子，從騰訊 QQ 的崛起、微信的出現，再到 360 隨身 Wi-Fi，我們看到的是互聯網大公司微創新精神所帶來的成果。

在現今的行動互聯網時代，由於行動應用本身的功能特性就以專注為特點，簡單、單一而使得小團隊應用微創新創業，有著更大的成功可能。

在行動互聯網應用領域，2013 年崛起前段宣布用戶過億的「唱吧」應該就是其中的典型，透過「錄歌」、「播歌」、「評比」、「社交傳播」讓「唱吧」成為一時的社會風尚。除了「唱吧」團隊豐富的產品營運背景和經驗之外，產品的微創新是其成功的基石。

三 . 做出「最小可行性產品」

精實創業最核心的思想是最小可行性產品（minimum viable product）。什麼是最小可行性產品？簡單說，就是一個產品雛形，是指將創業者或者新產品的創意用最簡潔的方式開發出來，可能是產品介面，也可以是能夠交互操作的胚胎原型。它的好處是能夠直接地被客戶感知到，有助於激發客戶的意見。通常最小可用品有四個特點：展現了項目創意、能夠測試和展示、功能極簡、開發成本最低甚至是零成本。

「大眾點評網」剛開始也不是什麼都有，最開始就是用一週時間做的一個簡單網頁，並租了一個幾百元人民幣一年的伺服器，核心是圍繞怎樣培養用戶寫點評，這是最初的最簡化可實行產品。在上海做了差不多一年，反應還不錯，然後才開始開拓其他城市，花了差不多大半年的時間做了北京和杭州，這兩個城市透過同樣的方式複製也挺成功，證明這種模式是可行的，所以後來又拓展至更多的城市，在品項上也從餐館到休閒娛樂再到購物等。

在創業初期，你要做的不是大而全，而是先做你能做到的，也就是力所能及的，把你能做到的這一點做到極致，你自然有機會去做更多的。

四 . 不一定是一炮而紅

現今，「一招鮮、吃遍天」的時代基本上已經過去，隨著用戶的成熟，你出一個產品，用戶就會使用並推崇的時代也已經過去了。通常「一招鮮」的產品，往往生命周期也非常短，如果沒有後續的新產品，會成為公司持續成功的致命大敵。

所以，實踐微創新，非常重要的一點就是要持續地微創新，也就是要「有目標、沉住氣、踏實幹」。周鴻禕也講到 360 公司內部「靠積累小勝，達到大勝，而不再迷信十年磨一劍的大創意。公司的進步，就是靠微創新不斷累積起來的。」

再舉騰訊產品 QQ 郵箱為例。信箱本是一個通用的產品，在 QQ 郵箱成為網民標配之前，已經外有 Gmail、內有 163 郵箱，大有局勢已定之象，但是 QQ 郵箱一直都是用微創新改善一個又一個用戶體驗，耳熟能詳的「附件提醒」、「發送狀態」、「郵件轉發」、「域名郵箱」、「語音郵件」、「郵件撤回」等，一個又一個貼心的改進，QQ 郵箱團隊在 2008 年居然發現了 400 多個創新點，使其終於成功逆襲！

註 ① 二八定律：又稱巴萊特定律，指在眾多現象中，80% 的結果取決於20% 的原因，被廣泛應用於社會學及企業管理學等。

註 ② 大 V：是指在新浪、騰訊等微博平台上獲得個人認證，擁有眾多粉絲的微博用戶。

註 ③ 飛信：融合語音、GPRS、短信等多種通訊方式的聊天軟體。

第三節
法則 9——天下武功，唯快不破

快是一種力量

天下武功，唯快不破。天下任何武功，都有自己的不足，防守得再好，也有破解方法，只要意識、攻、守、隨機應變等速度遠遠高於對方，勢必游刃有餘！往低處說，就是快速的進攻，讓對方疲於招架，無還手之力，逼其露出破綻，進而勝之；往高處說，就是對方未來得及反應，就被擊中，所謂拳打人不知，乃一擊必殺之意。在武術當中詠春拳、截拳道等很多拳法都是這個理念。

時至今日，互聯網算是競爭極其殘酷的行業，因為技術門檻低，山寨成風，任何一家今天還活著的互聯網公司都要感謝當年創始人拚命三郎的精神。在互聯網領域，速度就是生命。互聯網時代是快魚吃慢魚，而不是大魚吃小魚，沒有積極進取的心態，在互聯網時代的競爭中就會慢人半拍，處處陷於被動挨打的局面。

在互聯網界中，以快制勝的案例數不勝數。雷軍在他的互聯網七字訣中提到：「最後一個要訣就是快，我堅信『天下武功唯快不破』。有時候，快就是一種力量，你快了以後能掩蓋很多問題，企業在快速發展的時候往往風險是最小的，當速度慢下來時，所有的問題都暴露出來了。所以，怎麼在確保安全的情況下加速，是所有互聯網企業最關鍵的問題。」

快速迭代，是針對客戶反映意見以最快的速度進行調整，融合到新的版本中。對於互聯網時代而言，速度比質量更重要，客戶需求快速變化，因此，不追求一次性滿足客戶的需求，而是透過一次又一次的迭代不斷讓產品的功能完備。所以，才會有微信在第一年發布了15個版本，「扣扣保鏢」3周上線的紀錄。

小米手機系統MIUI推出以來，一直都以每週一個版本的速度在更新，這種更新，一方面是產品，更多的是一種用戶體驗。早在2010年，MIUI就已經出現，並逐步培養起一批用戶，然而，最初版本的MIUI僅僅只是Android系統的一個介面。當前MIUI中用戶熟悉的語音助手、應用超市、防打擾功能，甚至手電筒，都沒有被包括在其中，而是在過去3年的開發過程中逐漸加入的，用每週一次的不斷快速迭代，解決用戶的各種問題，並與時俱進加入新功能，進而留住用戶。

有關產品開發中的快速迭代，我們以微信從1.0～5.0，成長的量變與質變作例子。在微信1.0的時候，功能是非常基礎的，只有短信和照片分享。微信2.0，語音是基礎，還加入了語音群聊。微信3.0透過搖一搖，加入了陌生人交友。微信4.0，開放平台，微信4.3，引入了公共帳號平台，徹底地從一個單純的溝通工具轉變為一個行動平台。再到5.0加入遊戲、支付功能。這個平台上囊括了多種產品形態，從社交到購物，再到O2O，更多的時候，微信承擔了一個平台的角色，甚至是行動互聯網入口的角色。這種快速的迭代使得微信用戶群體幾何遞增，雖然每一個版本功能都可能不是完美的版本，但是微信透過快速迭代逐步給予用戶不斷的驚喜，客戶的黏性以及活躍程度得到了保障。

產品開發追求完美是迭代的大忌。有一句話用來形容互聯網的產品開發，就是互聯網產品永遠是Beta版。

Zynga是社交遊戲時代的王者，Zynga遊戲模式只有一條，那就是快速迭代。與傳統意義上一般人對於歐美遊戲企業的印象不同，Zynga的運作方式更像是集中國網遊企業之大成，而且將其發揮到了極致。Zynga是一家成立於2007年6月的社交遊戲開發商，其產品主要在Facebook開放平台上，靠著2007年9月上線的遊戲《德州撲克》掙到了第一桶金，此後採用「快速迭代」的方式複製模仿推出了大量遊戲。

所有業務的第一標準：「快速」。無論是開發、經營、運作維護還是招聘，Zynga要求團隊盡快地完成開發，盡快地上線，盡快地開始產生效益。為此，Zynga內部提倡模塊化的迭代生產，將遊戲的各系統模塊化，然後在開發和營運中透過模塊的替換來完成遊戲版本的升級和功能的增加。

先圈地，然後挖掘數據，再做調整。Zynga發現某個尚不飽滿甚至未曾開發的遊戲題材或者形式時，會快速上線一批產品，占領這一領域的用戶，在用戶規模可觀之後深度挖掘數據。

近乎「無賴」的快速攻擊。Zynga最為人詬病但其本身卻最不在乎的一點是，模仿——或者說抄襲，也可以說山寨。Zynga會盯上任何看上去有前途的新社交遊戲，迅速地推出相似的產品，並遠遠地把原產品甩在身後。透過這些近乎「無賴」的快速攻擊，打得其他遊戲公司措手不及。在新產品上，快速研發的模式被運用到極致。

快，就是敏銳的嗅覺、飛速的執行力加上不斷的嘗試與改錯，搶先一步，獲得先機。因為在互聯網界，一個好的創意不能決定一個好的出路，誰能最好、最快地將創意變為產品並找到盈利模式，才是最重要的。

對於互聯網公司來說，透過對客戶行為的分析、客戶的反應找到客戶的癢點，快速進行更新迭代，讓用戶驚喜連連，必然能夠取得先機。

怎樣做到快速迭代

一. 基於用戶反饋

用戶反饋，是指透過直接或間接的方式，從最終用戶那裡獲取針對該產品的意見。透過用戶反映管道了解關鍵訊息，包括用戶對產品的整體感覺、用戶並不喜歡 / 並不需要的功能點、用戶認為需要添加的新功能點、用戶認為某些功能點應該改變的實現方式等；獲得用戶反饋的方式主要是現場使用、實地觀察。快速迭代，要求一切活動都是圍繞用戶而進行，產品開發中的所有決策權都交給用戶，因此，如果沒有足夠多的用戶反饋，就不是真的快速迭代。

「金山網路」提倡所有的工程師都去與粉絲直接交流，效果顯著。金山的一款「劍俠情緣 3」是已有 4 年歷史的遊戲，2012 年不可思議地實現了 100% 的增長，2013 年大概也是這個水準，最大原因就是與用戶的良好交流，真正解決了玩家需求。他們在微博上與用戶頻繁互動，積極收集用戶反饋，發布資訊的效果也提升了很多，用戶的反應很好。「過去認為推廣遊戲要花大錢做廣告，但互聯網改變了這一思路。為什麼必須花大錢打廣告？那是因為你留不住用戶的心，如果你能打動用戶，一個用戶可能會幫你發展出兩個、三個用戶。」

小米在聯繫與用戶、粉絲的關係方面也可謂做到了極致。從創始人到上百人的客服營運團隊，及時、周到地為用戶、為粉絲服務。小米手機強大的粉絲群，就是小米產品開發的重要力量。他們的反饋，他們在產品流程中的參與，如購買工程機並提供測試結果，將粉絲用戶集結在論壇社區，各種手段激勵長年活躍等，這樣的手段，讓一個傳統產業應用互聯網開發方法成了可能。集體智慧的力量是驚人的，無論是在產品還是在行銷中。如果只是公司內部開發人員和產品人員的參與，小米很難有今天的成功。

二 . 管理創新保障效率

以快制勝首先是一種企業基因的變革。我們研究國內兩位互聯網大老的企業發現，其管理原則中，都有共同的一條，即要實現公司在產品開發上的快速迭代以及對外部市場競爭的快速反應，扁平化管理是其共同推崇的。360 認為，扁平化管理是快速反應的保障。360 十幾條業務線，被分成了 400 個小團隊，每個小團隊都可以直接向周鴻禕和齊向東彙報，只要真正觸及用戶需求，無論你是普通程式設計師還是實習生，都可以找兩人直接溝通。所以，一個功能的決定，在某些傳統層級分明的企業可能需要好幾天，在 360 可能只要 10 分鐘。

而在小米，崇尚的是，速度是最好的管理。少做事，管理扁平化，才能把事情做到極致，才能快速。

當然，以快制勝不是互聯網行業的專利，西班牙服裝品牌 ZARA 的「快速制勝」也值得參考。ZARA 是西班牙 Inditex 集團旗下的一個子公司，創立於 1975 年，目前在全球 62 個國家擁有 917 家專賣店。ZARA 品牌是時尚服飾業界的一個另類，在傳統頂級服飾品牌和大眾服飾間獨闢蹊徑開創了快速時尚（Fast Fashion）模式，被稱之為「時裝行業中的戴爾電腦」。

對於 ZARA 的成功，我們從下面幾個方面來分析：

快速的產品研發。ZARA 的定價略低於商場裡的品牌女裝，但它的款式和色彩卻極豐富，既提供了最新的時髦單品，也提供了任何需要的基本款和配飾，再加上設計多樣的男裝和童裝，一個家庭的服裝造型甚至都可以在 ZARA 做到一站式購齊。

短時間複製最流行的設計。顧客可以在 ZARA 花費不到頂級品牌十分之一的價格，享受到頂級品牌的設計，因為它可以在極短的時間內複製最流行的設計，並且迅速推廣到世界各地的分店。打個比方，今天你在巴黎看到當季最新款的裙子，10 天後，就可以在北京王府井的 ZARA 店裡買到相似款式的衣服。ZARA 的設計師們是典型的空中飛人，他們經常坐飛機穿梭於各種時裝發表會之間或者出入各種時尚場所。通常，一些頂級品牌的最新設計剛擺上櫃台，ZARA就會迅速發表和這些設計非常相似的時裝。

多款式，小批量。ZARA每年設計出來的新款將近5萬種，真正投入市場銷售的大約12000多種，是其競爭對手平均的5倍。每一款時裝的量一般不大，即便是暢銷款式，ZARA也只供應有限的數量，常常在一家專賣店中一個款式只有兩件，賣完了也不補貨。因此ZARA透過這種「製造短缺」的方式，培養了一大批忠實的追隨者。「多款式、小批量」，為ZARA實現了經濟規模的突破。

強悍的供應鏈系統。ZARA成功至關重要的環節是其靈敏供應鏈系統，大大提高ZARA從設計到把成衣擺在櫃台上出售的時間。中國服裝業一般6～9個月，國際名牌一般可到120天，而ZARA最厲害時最短只有7天，一般12天。這是具有決定意義的12天，在國內，以快著稱的美特斯邦威，完成這一過程要80天。ZARA的靈敏供應鏈所展現出來的效率，使得有「世界工廠」之稱的中國相形見絀。生產基地設在西班牙，只有最基本款式的20款服裝在亞洲等低成本地區生產，ZARA自己設立了20個高度自動化的染色、剪裁中心，而把人力密集型的工作外包給周邊500家小工廠甚至家庭代工，而把這20個染色、裁剪中心與周邊小工廠連接起來的物流系統堪稱一絕。在西班牙方圓200英哩的生產基地，集中了20家布料剪裁和印染中心，以及500家代工的終端廠，ZARA把這200英哩的地下都挖空，架設地下傳送帶網路，每天根據新訂單，把最時興的布料準時送達終端廠，保證了總體的效率要求。服裝成品在歐洲用卡車兩天內可以保證到達，而對於美國和日本市場，ZARA甚至不惜成本採用空運以提高速度。ZARA這種大生產思維，讓對手望塵莫及。

以快制勝是互聯網迭代思維的一種體現。從上面的分析我們可以看出，透過快速迭代，可以使得產品更早地出現在用戶面前，收集到用戶的回應，也使得用戶需求痛點不斷被刺激到，從而實現用戶更高的忠誠度，擴大市場大餅。

第五章　流量思維

- 流量意味著體量（規模），體量意味著分量。
- 免費往往是獲取流量的首要策略。
- 量變才能引起質變，要堅持到質變的「臨界點」。

法則 10　免費是爲了更好的收費

法則 11　堅持到質變的「臨界點」

第一節
流量的本質

目光聚集之處，金錢必將追隨。

——凱文· 凱利《技術元素》

互聯網公司的估值模式，很重要的指標就是流量，包括註冊用戶數量、活躍用戶數、用戶訪問頻率等，一個註冊用戶 1000 萬的互聯網產品，沒有任何盈利，就可以估值數億美元，在互聯網領域是常有的事。在用戶數量、活躍度這些指標的背後，是對用戶注意力的一種占有。

流量的本質是用戶關注度

當你源源不斷地受到關注時，你便成為一種「入口」，金錢自會隨之而來，流量自會轉化為商業價值。

這是一個「信息過剩」的時代，也是一個「注意力缺乏」的時代，如何在「無限的信息」中攫取「有限的注意力」，是注意力經濟時代的核心命題。這其實不難理解，娛樂圈的明星們時不時地搞幾場緋聞、打幾場官司，無非為了吸引目光而已，有人關注才有人氣，有了人氣就會有廣告主買單，靠這種招數出名的大有人在。

對於企業而言，在激烈的市場競爭環境中，高的關注度就意味著高知名度，用戶在消費的時候考慮你的機率就大。無論是搜狐的張朝陽，還是 360 的周鴻禕，都是自己企業的代言人，都在透過出席各種活動、參與各種演講來攫取受眾目光，不僅省了廣告費，還帶來了大把的流量。「雕爺牛腩」餐廳的老闆也是深諳流量思維的，透過「蒼井空到店」、「婉拒韓寒夫婦」、「不讓 12 歲以下孩子進入」等話題吸引注意，打開知名度。在信息過剩的時代，企業必須具備流量經營的能力。

流量意味著體量（規模），體量意味著分量

傳統零售行業的選址，核心指標就是「location」、「location」、「location」。其本質就是搶占人流量的入口。互聯網經濟一樣也是一門流量生意。傳統商業街的商業模式，人流量大的地方，店面的人流量自然就會多，房子的租金就會高，同樣的邏輯也適用於互聯網。拿淘寶來說，店鋪的排序直接影響了消費者的流量，消費者的流量決定了銷售額的高低，所以可以簡單地理解為淘寶就是互聯網的商業街，同樣淘寶的核心盈利模式就是商業街的盈利模式，只是把傳統商業街房租收入模式搬到線上後，再發揮互聯網作為工具的屬性進行了消費的記錄和評價，讓數據在淘寶上面產生了更大的價值。

流量是所有商業模式得以改進的基礎，缺乏流量基礎則一切無從談起。

Google 這樣的網路搜尋，其核心商業價值的基礎就是「巨量用戶搜尋」。如果沒有巨量用戶搜尋，也不會有廣告商願意選擇 Google 的後台預付費購買各種「關鍵詞」的「點擊量」。Twitter 這樣的產品，其核心價值隨著用戶數量的急劇增加也從最初的「閒言碎語」演變成了今天的「社交媒體」。QQ 的核心價值隨著用戶數的增加而從最初的即時通信變成了今天的「社交娛樂平台」，騰訊公司就是這樣變成了網路媒體、娛樂和社交巨頭。

當你的流量衝上去的時候，就意味著你有了足夠的用戶關注度，就像亞馬遜一樣，做了好多年電商都不賺錢，都是在花錢砸流量，而當其流量到達一定規模的時候，也就意味著其體量（規模）足夠龐大了，年銷售達到幾

百億美元的時候，就獲得了更多與資本方博弈的籌碼，也就有能力去獲取更多的社會資源。流量意味著體量（規模），體量意味著分量，這就是流量所帶來的價值。

流量思維要求我們能夠意識到流量的重要性，並且知道如何獲取流量，如何讓流量產生價值。

在注意力經濟時代，先把流量衝上去，才有機會思考後面的問題，否則連生存的機會都沒有。

第二節
法則 10——免費是爲了更好的收費

如果要想做互聯網，必先「自宮」，讓用戶端沒有成本，這樣在產品上會不斷產生創新，然後再來建立其他的商業模式，這才是互聯網和行動互聯網的法則。

——高德地圖副總裁 郄建軍

互聯網產品爲什麼能免費？

我們經常把工業化時代稱為原子時代，把信息化時代稱為比特時代。建立在物理原子基礎上的經濟學，是稀缺經濟學，因為實物的邊際成本是上升的，至於建立在比特位元基礎上的經濟學，邊際成本趨於零，我們把它稱為豐饒經濟學。

互聯網產品和服務都是數字化的。假如你做了一個東西，花了 1 萬元，如果有 1 萬個人用，那麼攤到每個人身上的成本是 1 元，如果有 1 億個人用呢？你會發現攤到每個人身上的成本幾乎可以忽略不計。但是，有了 1 億個用戶之後，無論是做增值服務，還是做廣告，每個人都有一個 ARPU（Average Revenue Per User 每用戶平均收入）值，相當於每個用戶因為這種商業模式替你貢獻的收入，它會超過每個人分攤的成本，這就使得互聯網上免費的模式不僅可行，而且可持續，甚至有可能會建立新的商業模式。所以很多互聯網公司巨大的成功都是建立在免費的基礎上，因為一旦你推出免費的產品，且它的品質甚至超過那些收費產品的時候，它給用戶帶來的體驗衝擊是巨大的，它就是一種最有利的廣告，它超過所有的廣告和行銷手段。

免費是爲了獲取流量

對於互聯網產品來說，免費往往成了獲取流量的首要策略，互聯網產品大多不向用戶直接收費，而是用免費策略極力爭取用戶、鎖定用戶。淘寶、百度、QQ、360都是依賴免費起家，尤其是在中國，因為用戶沒有付費習慣，所以也就造就了在中國這種商業環境下面曾經野蠻生長的互聯網公司，把免費作為一種常用手段吸引用戶。其實免費這個商業模式不是互聯網模式獨創的，但是卻被互聯網公司用到了極致。在我們的生活中就有一些免費的案例，很多商家以免費為幌子進行產品推廣，其中最為瘋狂的就是一批穿著白袍的人打著義診的幌子，或是幫助老人測血壓等，其實他們的目的很明顯，就是推銷，更有甚者，打著免費送藥的幌子讓用戶試吃，並且堅持每天都免費，直到讓消費者產生習慣後，然後停止贈送，以此達到推廣產品的目的。

互聯網的免費模式更是如此，只是互聯網的免費模式讓消費者確實不用自己掏腰包，但是只要你對他的產品或者網站產生了黏性，你就會在他的網站或者產品上面進行內容創造，用戶在這上面創造的內容同樣更容易吸引同是消費者的他或者他們，這就是Web 2.0的商業模式，也就是Facebook的核心競爭力，同樣也是大眾點評的核心競爭力。因為有了消費者的參與，會吸引消費者登錄這個網站瀏覽，甚至是相關人員來這裡看作為消費者或者作為互聯網產品使用者的你的動態，和對網站內容的評價，這也是現在淘寶之所以能夠做小額貸款的一個重要參數。

在傳統商業模式中或者日常生活中，我們會對免費的商業模式產生天然的免疫，但是我們對互聯網的免費模式卻是非常習慣，因為互聯網模式的野蠻生長時代已經過去了，手機端的暗扣時代也已經在慢慢地褪去，互聯網生態變得愈來愈安全，釣魚網站愈來愈少，流氓軟體也變得愈來愈少。

360最初做掃毒的時候，採用了免費的模式，給整個掃毒軟體市場來了個大攪局。所有人都盯著 360，看它怎麼養活自己。360 沒有停留在只做掃毒軟體，而是拓展了安全瀏覽器市場。360 的免費掃毒為其帶來了中國 90% 的用戶，幾億的用戶，這裡面是巨大的流量，這些用戶由於要下載各種手機遊戲、手機軟體，有相當大比例也是用 360 瀏覽器，有了瀏覽器，就可以有搜尋、導航，這就是廣告的模式。很多人用瀏覽器玩遊戲，360 在瀏覽器裡推薦大家一些網遊，向用戶收費，這就是 360 的增值服務和商業模式。事實證明當 360 憑藉免費的掃毒軟體拿到了幾億用戶開始做瀏覽器的時候，360 才開始了後來的盈利之路。

免費的玩法

一 . 在別人收費的地方免費

這一招夠狠，在別人收費的地方你免費，在別人賺錢的地方你虧錢，這樣的策略就完全顛覆了現有的商業模式。當年，360 進入掃毒軟體領域靠的就是這一招，別的掃毒軟體都收費，360 一進來就免費，迅速獲得大量用戶。

傳統的免費更多是一種促銷手段或行銷噱頭，新型的免費是一種長期的產品價格策略，也就是說企業的核心服務永遠不收費。典型的例子比如 QQ 的聊天、百度的搜尋，這種核心服務永遠不收費。

馬雲搞電子商務的時候，最早淘寶宣布免費開店，而且允許買家和賣家可以直接對話和討價還價，在他的對手 eBay 上開店是要收費的，而且買家和賣家不能直接對話、進行諮詢和討價還價。在 eBay 上的大賣家都覺得在淘寶上開店沒成本，不開白不開，就是不管有沒有用都願意在淘寶上複製一家店，所有賣家都到淘寶上去，有了賣家就有了買家。在最初免費時，馬雲未必想清楚了怎麼賺錢，由於各種原因，他在 3 年之後宣布說繼續免費，永遠免費，最後當中國所有的 B2C 商家都到淘寶上開店了，你搜一個衛生紙都出來 1 萬個結果。免費開店沒問題，如果想搜衛生紙排在前面，有的人就要交增值服務費。淘寶今天成為中國最賺錢的互聯網公司之一，這就是免費建立的商業模式。

很多互聯網硬體，包括電視、家電等，都會跟互聯網結合。互聯網公司做硬體，就會在你收費的地方免費，你還指望著做硬體來賺錢呢，人家互聯網公司壓根兒不靠這個賺錢。假如有一天電視免費了，或者說以成本價銷售了，曾經的家電巨頭們該怎麼辦？

互聯網透過電子商務，把你跟用戶直接聯繫起來，你都可以搞用戶預定，不用擔心會有庫存，也不需要中間商，中間商要拿一半的利潤，你沒有中間商，沒有通路之後，你就可以把利潤回饋給用戶，對於未來只做硬體的廠商來說，可算是滅頂之災。互聯網公司都考慮著賣硬體不賺錢，硬體不再是一個價值鏈裡的唯一一環，變成第一環，變成公司跟用戶之間的窗口，變成公司跟用戶之間的橋梁。

互聯網公司在用戶用了它的冰箱、開著它的車、看著它的電視之後，每天都想辦法做其他的服務，這對傳統廠商來說，面臨的最大挑戰是什麼？就是要學會用互聯網的思路去做後續的服務。如果只是一個會生產硬體、販賣硬體的廠商，那你的價值鏈已經被人免費掉了。你最後可能會變成代工，掙取微薄的利潤。價值鏈的尖端會被做信息服務和用戶體驗的廠商拿走，這不是危言聳聽，它不會立刻發生，但在下一個 5 年會看到這個趨勢。

二. 羊毛出在狗身上

互聯網思維和收費免費沒什麼關係，免費不是互聯網產品的必然特徵，用戶價值才是。免費是給用戶創造價值的典型手段，所以說，免費本質上是不存在的，而是將價值鏈延長，免費的成本成為盈利模式中的製造成本或者行銷成本。**真正的免費只是實現了費用承擔者的轉移，即「羊毛出在狗身**

上」。

《免費》一書的作者安德森歸納出四種基於核心服務完全免費的商業模式。

（1）直接交叉補貼。比如電信商已經實行很久的預繳話費送手機。

（2）三方市場，廣告商付費而消費者免費，比如百度的競價排名廣告。

（3）免費加收費，即部分用戶免費另一部分用戶收費，比如網易郵箱的免費用戶和收費用戶。

（4）純免費，比如維基百科，由熱心人士捐贈營運費用。

除了第四種模式，前面三種都是交叉補貼的概念，都是透過費用承擔者轉移來實現收費。在你考慮使用免費策略的時候，一定要思考誰可能是你免費成本的費用承擔者。

互聯網上免費的商業模式，是讓你把你的價值鏈進行延長，你在別人收費的地方免費了，**你就要想辦法創造出新的價值鏈來收費**。微信不會收你的通信費，大家每天用微信，對騰訊來說是巨大的用戶群，但是，騰訊只要在微信裡向大家推廣遊戲，向大家推薦商品，就能輕鬆地賺到比中國移動每年收的簡訊費還要多的錢。

【案 例】

四川航空公司的免費生意

相信不少人都有搭乘飛機的經驗，我們知道通常下了飛機以後還要再搭乘另一種交通工具才能到達目的地。在中國的四川成都機場有個很特別的景象，當你下了飛機以後，你會看到機場外停了上百部休旅車，後面寫著「免費接送」。

如果你想前往市區，平均要花150元人民幣的車費去搭計程車，但是如果你選擇搭乘那種黃色的休旅車，只要一台車坐滿了，司機就會發車帶乘客去市區的任何一個點，完全免費！你是乘客你要不要搭乘？

為提高服務品質，四川航空公司一次訂購了150台高品質的商務車作為旅客接駁車。為此，四川航空還制定了完整的選車流程，除了要具備可靠的品質和服務外，車型的外觀、動力、內飾、節能環保、操控性和舒適性等方面都要能夠達到服務搭機客戶的基本要求。

四川航空公司的這一做法當然是為了要提供上述免費的接送服務用途，一方面祭出5折優惠的機票，一方面又提供乘客免費接送服務，這一舉措為四川航空帶來上億元的利潤。我們不禁要問：「免費的車怎麼也能給它創造這麼高的利潤？」這就是商業模式的魔力。

原價一台14.8萬人民幣的MPV休旅車，四川航空公司要求以9萬元人民幣的價格一次性集中購買150台，提供給汽車公司的條件是，四川航空公司要求司機於載客途中向乘客提供關於這台車子的詳細介紹。簡單地說，就是司機在車上幫汽車做廣告，賣汽車，在乘客的乘坐體驗中順道帶出車子的優點和車商的服務。每一部車可以載7名乘客，以每天6趟計算，150輛車帶來的廣告受眾人數是：7×6×365×150，超過了200萬的受眾群體，並且宣傳效果也非同一般。

司機從哪裡找？想像一下在四川有很多找不到工作的人，其中有一部分人很想當計程車司機。據說從事這行要先繳一筆和轎車差不多費用的保證金，而且他們只有車子的使用權，不具有所有權。因此四川航空徵召了這些人，以一台休旅車17.8萬人民幣的價錢出售給這些準司機，告訴他們只要每載一個乘客，四川航空就會付給司機25元人民幣！

四川航空立即進帳了1320萬人民幣：(17.8萬－9萬)×150台車子＝1320萬。你或許會有疑問：不對，司機為什麼要用更貴的價錢買車？因為對於司機而言，比起一般出租車要在路上到處晃呀晃地找客人，四川航空提供了一條客源穩定的路線，這樣的誘因當然能吸引到司機來應徵！這17.8萬元裡包含了穩定的客戶源、特許經營費用和管理費用。

接下來，四川航空推出了只要購買5折票價以上的機票，就送免費市區接送的活動，如此一來，整個資源整合的商業模式已經形成了。

我們繼續分析，對於乘客而言，不僅省下了150元的車費，也省下了解決機場到市區之間的交通問題，划算！

對於汽車公司而言，雖然以低價出售車子，不過公司卻多出了150名業務員幫忙賣車子，以及省下了一筆廣告預算，換得一個穩定的廣告管道，划算！

對於司機而言，與其把錢投資在自行開計程車營業上，不如成為四川航空的專線司機，獲得穩定的收入來源，划算！

至於對四川航空公司而言，這150台印有「免費接送」字樣的車子每天在市區到處跑來跑去，讓這個優惠信息傳遍了大街小巷。還不夠，與車商簽約，在期限過了之後就可以開始酌收廣告費(包含出租車體廣告)。

最後，四川航空最大的獲利，別忘了還有那1320萬，當這個商業模式開始形成的時候，根據統計，四川航空平均每天多賣了10000張機票！回想一下，四川航空付出的成本只有多少？

到這裡，各位一定發現了資源整合的驚人效益！

三.零利潤也是免費

對於免費這個策略，我們可以用更廣的角度來定義。零利潤也是一種免費，平進平出，也就是成本價銷售，不賺錢，這種免費就給傳統的硬體企業帶來很大的危機感。如互聯網企業做智慧電視，價格一下子就到了成本價，因為其根本不靠硬體賺錢。

硬體免費，這兩年炒得沸沸揚揚，雷軍預言幾年內會有公司用沙子的價格賣晶片，周鴻禕也說硬體免費是下一個浪潮。其實，硬體免費並不是一個新生事物。早在多年以前，電話取消裝機費以後，電話其實就是硬體免費的先驅；話機是送你的，收你的電話費。這不就是硬體免費嗎？幾年後有了數位電視，價值不菲的數位電視機上盒也是免費的，機上盒送給你，收取有線電視費，這也是硬體免費。提供免費硬體的都是具有壟斷地位的內容或者服務供應商，其所提供的免費硬體只能用於自己的服務，脫離了自己的服務，免費硬體沒有其他用途。對於壟斷型的企業來講，硬體免費是可行的。

硬體免費並不像軟體免費那麼簡單。廣告收入讓軟體免費不難，因為軟體開發完成，用戶自行下載，拷貝成本是可以忽略不計的，一億份和一百份的差別不是一百萬倍。但是對於硬體來說，一件是一件的成本，這裡就有一個問題，從每個消費者身上賺取的廣告收益是有限的，難以承擔高成本的硬體免費。一支智慧型手機，透過內建 APP 推廣，廣告收益帶來的價值最多一年幾十元，而智慧手機價值上千元，也不能保證用戶能夠長期使用預裝的 APP，所以，到現在為止，還沒有完全免費，靠廣告就能白送的智慧手機。

靠服務實現硬體免費的例子，只有壟斷地位的內容和服務供應商。非壟斷的樂視也試圖綁定服務，但是用戶有「優酷」，有「土豆」，有「百度視頻」，用戶並非沒有免費的選擇，所以非壟斷的企業想靠服務費實現高價值免費也很困難。

經由上面的分析可以看出，透過廣告也好，透過非壟斷的服務也好，支持高價值硬體的免費是不太容易實現的，可行的辦法是「利潤」免費。1000 元的智慧手機，成本 800 元，200 元的利潤可以讓給消費者，透過每年幾十元的 APP 廣告推廣來收取，事實上現在很多低價手機預裝 APP 就是要獲取收入的，消費者也獲得了實惠。同樣，樂視電視也是提供綁定服務，販售低價的樂視電視，這可以算硬體「免費」的另外一種形式吧。

那麼，如果你只會生產硬體、賣硬體，一旦你的價值鏈被人免費掉了，對不起，你最後只能淪為代工，賺微薄的利潤。要想生存下去，你需要建立一種新的商業模式，必須要創造新的價值鏈。所以說硬體「免費」，必須要創造新的價值鏈來支撐，這也是傳統企業轉型互聯網時必須要考慮的問題。

免費策略的兩個原則

一. 雖然免費，但產品本身要過關

愈是免費的產品，用戶選擇的成本愈低，用戶拋棄的成本也愈低。消費者花 1 萬元人民幣買一個冰箱，這個冰箱不好用，也不好退貨，在互聯網上，用戶用你的東西，如果不好的話，滑鼠一點，就跑掉了。愈是免費的東西，有時候反而要把用戶體驗放在第一位，你要想辦法把它做到極致，甚至做到比收費的做得好。

在免費創造財富的道路上，360 也曾經遭遇過挫折。2008 年 8 月，360 推出永久免費的 360 掃毒軟體，這個產品引自一國外掃毒引擎，然而，這款免費產品並沒有得到用戶好評，複雜、難用是大多數用戶的感受，使得 360 的競爭對手有充足的理由到處宣傳掃毒軟體「免費無好貨」的言論。

這讓 360 意識到，免費並非是占領市場的唯一決定要素，確切地說，產品是一切的基礎。於是在之後一年多的時間裡，360 不斷打磨、重新解構，從後台技術提升再到軟體介面更新，產品變小，運作起來更快速，介面更為清晰，同時從用戶體驗角度出發，做到儘量不打擾用戶。終於，在 2009 年 10 月，當 360 再次推出免費掃毒軟體的時候，市場反應熱烈，成功提升了市占率。

二. 免費是最昂貴的

不是所有的企業都能選擇免費策略，須依產品、資源、時機而定。

免費生財首先需要巨額資金，否則企業沒法正常運作。畢竟現階段的互聯網行業中做免費的人很多，如果只投入 1000 萬元人民幣就想闖出一條路

來，幾乎是不可能的，單單行銷成本都遠遠不夠。360 經過三輪融資，資金規模就達到了五千多萬美元。

其次，經營者需要有前瞻性，明確知道到底哪裡可以賺到錢。因為做企業不是做慈善，盈利總是第一目標，如果只是盲目地免費，而無法找到獲利的源頭，這樣的企業一定死得更快。

就以互聯網行業為例，做免費的企業實際上有很多，但真正成功的並不多。大家可能只看到 360 今日的成就，卻忽視了背後眾多在探索中失敗的企業，只有懂得放眼未來，並具備探索能力且能把握機會的，才可能生存下來，才有希望愈做愈大、愈做愈強。

當免費成為一種習慣時，付費就很難，所以不要輕易嘗試免費策略。在當今互聯網領域，免費商業模式大行其道，但是我們也必須清醒地認識到免費商業模式也有巨大的門檻。

（1）規模。免費模式如果能做到交叉補貼，就必須擁有足夠的規模，沒有足夠的規模，就無法接納足夠的付費族群維繫營運。這一點也就可以解釋為什麼真正實施免費能生存下來的，在一個行業領域只有幾個領頭羊，比如網遊行業，都是免費策略了，但是沒有營運到一定規模的遊戲，一定是慘澹失敗的。

（2）優質。免費的服務不等於劣質服務，實際上還應該是比過去付費服務更優的服務。這種服務要麼依賴你的技術優勢，比如 Google 的搜尋、360 的掃毒、Facebook 的交友；要麼依賴你的專業優勢，比如「優才網」的免費課程。

（3）資金。為了達到你的交叉補貼夢想，你不得不在前期投入足夠多的資金進行規模推廣，否則你的免費會變成速死。像「京東商城」推出購書打折，「蘇寧易購」就推出 0 元購書噱頭，它們一方面逼出版社讓出利潤，一方面自己真金白銀地從其他利潤裡補貼，其實承擔了大量的營運成本。

如果企業的現金流情況不理想，這種模式根本堅持不下來，很多打免費旗號的網站都死在這一點上，要麼被兼併，要麼被湮沒。

第三節
法則 11 ——堅持到質變的「臨界點」

今天很殘酷，明天更殘酷，後天會很美好，但絕大多數人都死在明天晚上，看不到後天的太陽。

——馬 雲

臨界點效應

這個道理顯而易見。

冰在超過 0℃之後就化成了水，水在超過 100℃之後又變成了水蒸氣。物理變化中往往存在這樣的臨界點，在其前後，物質的狀態和性質會發生很大的變化。在化學變化的過程中，剛開始往往難以看出變化的痕跡，但當溫度等外部環境超過一定標準，達到臨界點之後，往往就會產生新的物質。

由此可見，臨界點是一個多麼重要的標誌。再堅持一分鐘，達到了臨界點，就可以得到完全不同的結果，這就是臨界點效應。

量變產生質變

任何一個互聯網產品，只要用戶活躍數量達到一定程度，就會開始產生質變，這種質變往往會給該公司或者產品帶來新的「商機」或者「價值」，這是互聯網獨有的「奇蹟」和「魅力」。

互聯網企業最美妙的事情就是當用戶達到一定規模之後，突如其來的「質變」。QQ 從一個聊天工具先是變成了一個社交平台，再成為一個媒體巨頭，然後變成了一個娛樂帝國；10 年之後，同樣是在騰訊，微信又一次從一個聊天工具變成了社交平台，然後又成為了一個媒體平台、產品客服平台，之後又成了遊戲平台，然後增加了支付，突然成為了無所不能的交易平台。

量變帶來質變，這就是用免費或者成本價銷售產品帶來用戶規模之後的一種新的可能性，這種質變會影響到周邊一些其他傳統產業，這就是互聯網的魅力。就像兩個武林高手一直在拚殺對峙，旁邊一個小娃娃在觀戰；某一天，打著打著，兩個高手轉身一看，那個小娃娃已經變成一個巨無霸，並且對他倆虎視眈眈，這個時候他們終於停手了，商量如何一起對付這個當年的小毛頭……

信息分類服務網站「58 同城」創始人姚勁波在上市後說道：「早知道要苦 8 年，就不會做這個創業決定。」你可知道 58 同城這 8 年是怎樣熬過來的？說得煽情點，偉大真的是熬出來的。姚勁波說：「其實這 8 年裡，我開始就知道這個不是簡單的事情，但是不知道需要 8 年，如果知道的話我可能做別的選擇了。」與 58 同城曾經不分軒輊的「趕集網」、「百姓網」如今已被 58 同城遠遠超越了。

第六章　社會化思維

- 在社會化商業時代，用戶以網的形式存在。
- 利用社會化媒體，可以重塑企業和用戶之間的溝通關係。
- 利用社會化網絡，可以重塑組織管理和商業運作模式。

第一節
社會化商業時代已然到來

在社會化商業時代，用戶以網的形式存在

提到「社會化」，在很多人的概念裡，還只是在微博、微信、Facebook、Twitter 等社會化媒體平台上搞些推廣活動，引起注意；看社會化媒體投資報酬就是計算增加多少粉絲，有多少轉發和評論，總而言之，社會化媒體就是市場推廣工具。事實上，「社會化」的發展早過了單單只是將社會化媒體用於市場推廣的階段。

社會化媒體是「互動式」線上媒體的總稱，本質是「用戶即媒介、用戶可參與和用戶創造內容」。《失控》一書作者凱文．凱利（Kevin Kelly）在《兩種形式的聯結主義》中有很深的洞見：

「一種大聯結主義目前被稱為社會化媒體。它們的目標是透過盡可能多的方式將每個人與除他自身以外的所有人聯結起來。Twitter、Flickr、Facebook、Digg、Delicious 等，所有這些前一萬名的 Web 2.0 網站為歸屬不同網路的人們提供了足夠多的空間來完成新事情。在此，人類就是節點，他們產生信號。」

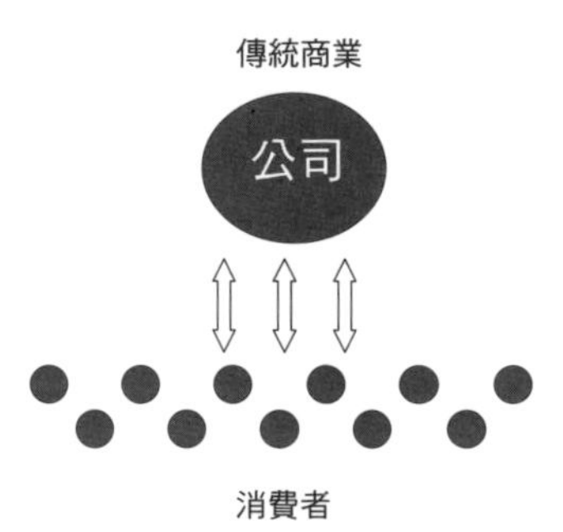

消費者以點的形式存在，與公司是垂直參與關係

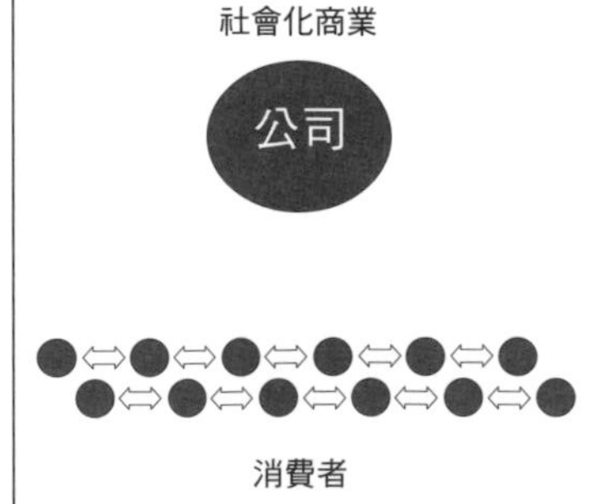

消費者以網的形式存在，與公司是平行參與關係

世界上發生的一切和我們所做的一切、你去過和住過的所有地方、你有過和分享過的全部想法、你喜歡和思念過的每一個人，都會聯繫起來。這種聯繫還會激增。現實中人的生活、人的關係完整地呈現在網路上，對信息溝通和關係建立帶來變革。

這些社會化媒體對人的網路使用甚至生活習慣造成了改變，企業以前熟悉的透過大眾媒介對用戶傳播信息的行銷方式，以及由此而形成的企業內部工作流程，正在被快速、密集的與用戶直接接觸所挑戰。這個挑戰同時來自社會化網路本身以及企業內部，也必將會讓企業發生變革，推動企業用社會化思維思考商業形態的變革和進化，社會化的時代已經到來。

所謂社會化思維，是指組織利用社會化工具、社會化媒體和社會化網路，重塑企業和用戶的溝通關係，以及組織管理和商業運作模式的思維方式。

第二節
法則 12——
社會化媒體，重塑企業和用戶溝通關係

社會化媒體的重要特徵是人基於價值觀、興趣和社會關係鏈接在一起。公司面對的用戶是以網狀結構社群形式存在的。同時，社會化媒體讓信息傳播更快，讓世界更小，這導致企業和品牌與用戶溝通關係發生根本的變化。

基於平等的雙向溝通

社會化媒體影響力的本質就是「人人都是自媒體」。

新浪微博在短短的 14 個月裡用戶數超過 5000 萬，截至 2012 年 12 月底，新浪微博註冊用戶已超過 5 億，日活躍用戶數達到 4620 萬，用戶每日發博量超過 1 億條。其中，有一個與傳統媒體對比的說法：微博粉絲人數大於 100 是一本內部刊物，大於 1000 是一個布告欄，大於 10000 是一本雜誌，大於 10 萬是一份省市報或行業報紙，大於 100 萬是一份全國性報紙，大於 1000 萬就是央視了。個人的聲量和話語權在放大，傳統媒體和依附傳統媒體傳播的品牌和企業的話語權在變弱。

由於用戶逐漸掌握話語權，加上社會化媒體的即時性和交互性，所以用戶正在從被動轉向主動，從單向接受信息轉向雙向交流信息，他們希望與企業進行平等對話，渴望與品牌進行互動交流，期待企業和品牌保持活躍度，並希望企業能傾聽他們的需求，能快速做出正確反應。

小米手機在這方面做得很突出。

據稱，小米擁有近百人的團隊負責新媒體的營運。以微博為例，小米公司有30多名微博客服人員，每天處理私訊兩千多條，提及、評論等4、5萬條。透過在微博上互動和服務讓小米手機深入人心。某人買了一部小米手機經常當機，就在微博上吐槽一下，15分鐘就得到微博客服的專業回覆。

此外，由於有太多粉絲在微博上詢問新版小米手機什麼時候出貨，小米網負責人黎萬強在微博中告訴大家：「3月中旬開始出貨，目前僅提供黑色機型。」這條微博迅速獲得1000多條粉絲回覆、4000多條轉發。許多人略帶失望地問：「為什麼沒有銀色機型？我們想要銀色的！」在與手機生產部門溝通後，3小時之後，黎萬強在微博中更正說明：「新增銀色版1～20000支」。由於有了微博，收集粉絲意見變得非常直接、快速，做出新的決策前後不過3個小時，這在以前的媒體環境下是不可想像的。

因為用戶參與，所以企業需要更常地聆聽和採用用戶的建議，而引導用戶說出建議的方式就是：「說人話」。用戶希望能跟你平等溝通，就把自己當成一個人，而不是冰冷的組織。當然，有個性、有性格就鮮活，在這方面，「杜蕾斯」透過塑造鮮明的社會化形象，取得極大的成功。杜蕾斯作為一個國際品牌，並沒有像其他品牌一樣走常規傳統型路線，其別具一格、帶有幾分小清新且又不失親切的形象塑造，使其在眾多企業微博中脫穎而出。

杜蕾斯官方微博，人稱「小杜杜」，共有超過87.9萬名粉絲。

起初，杜蕾斯官方微博將自身定位成「宅男」形象，單純地發布或轉發同產品相關的話題，把微博當成一個免費的發布欄。這種自說自話的模式很難引起微博用戶的興趣或者共鳴，微博品牌影響力收效甚微。在運營過程中，杜蕾斯逐漸意識到問題，開始調整微博形象，變成一個「有一點紳士，有一點壞，懂生活又很會玩的人，就像夜店裡的翩翩公子。」在這樣的定位下，其涉及的話題範圍更廣，與粉絲進行互動，用詞也更加輕鬆、詼諧。然後，再透過緊抓微博熱點、注重與意見領袖的即時互動，逐步擴大杜蕾斯微博品牌的知名度和粉絲之間的黏度。

杜蕾斯喜歡和粉絲溝通，與粉絲建立長期的互動機制，同時，杜蕾斯每半個小時進行一次關鍵詞搜尋，能即時找到粉絲對杜蕾斯的評論，不錯過任何一個與粉絲交流的機會。與粉絲詼諧、幽默的對話，讓粉絲意識到，杜蕾斯不只是一個品牌，更是一個活生生、有個性的人，跟杜蕾斯交流是很開心的事情，逐漸在粉絲心中建立起了品牌形象。

除了在自家帳號上與粉絲互動外，杜蕾斯還頻頻在意見領袖的帳號上留下痕跡。不久前 @VANCL 粉絲團發布一條微博，「韓寒新書《私》中提及送給未來 18 歲女兒的一句話——套好安全帶，帶好安全套。韓少真是語不驚人死不休哇！」杜蕾斯發現後轉發並評論道，「所謂安全第一，韓少作為賽車手深諳此道啊！」詼諧、風趣的回覆，巧妙地將品牌訴求點與名人話題結合，引起 Vancl 粉絲團和韓寒粉絲強烈的共鳴，使其品牌形象更加深入人心，加強了品牌的認可度。

在互聯網上最易於傳播的往往是人們熱切關注以及有趣、好玩的事情，杜蕾斯官微深諳此道，總是善於借助熱點把自己塑造成為焦點。因此，抓住時事熱點，充分利用社會化媒體信息傳播速度快的優勢，是杜蕾斯官微背後營運團隊每天的例行工作，而非話題火熱時的心血來潮。 有一次，一個男人和一個女人把私奔消息發布到微博上瞬間爆紅——「各位親友，各位同事，我放棄一切，和王琴私奔了。感謝大家多年的關懷和幫助，祝大家幸福！沒法面對大家的期盼和信任，沒法和大家解釋，也不好意思，故不告而別。叩請寬恕！功權鞠躬。」一時間轉發量高達 7 萬多，被網友們戲稱為私奔體。杜蕾斯敏銳地捕捉到這條熱點微博中的關鍵詞「男女」、「私奔」、「幸福」，發現都與杜蕾斯品牌調性相關。在第二天下午便原創一條微博，「私奔需要三樣東西：① 杜蕾斯② 現金③ 一起私奔的他或她。」巧妙結合，掀起第二輪的話題討論。杜蕾斯巧妙地把自身產品與熱點事件聯繫起來，使其品牌形象在粉絲討論中得到快速傳播，提高了品牌的知名度。

杜蕾斯之所以能成功地塑造社會化形象，在活色生香、趣味盎然的內容背後，實際上存在著其他品牌可以深入學習借鑑的東西。社會化媒體重視的是關係，傳播只是對用戶關係的一種利用，企業入駐社會化媒體，應該清楚關係的意義，以誠懇和熱情與粉絲建立關係。如果說像自然人一樣與用戶溝通交流是初級階段，那麼中級階段就是做一個有個性的人了，以企業獨有的「人格」魅力來保持粉絲對企業品牌持久的關注，如果同時還會發現機會，懂得借勢，借熱點事件擴大自己的影響，那就錦上添花了。

杜蕾斯官微的營運方「博聖雲峰」CEO 馬向群說：「微博是跟用戶溝通的平台，你要去聆聽，而不是去說。你的品牌調性是用戶反饋回來的，他們喜歡吃淡，你就別講吃鹽的事，順著來，自然會有愈來愈多的人上來。」用戶關心的是自己發了信息是否有人反饋，所以如果他們說了什麼，把自己當成一個正常人去聊聊天，對他們的體驗會更好，如果碰到好話題，轉出來讓大家一起看，這才是最好的方式，千萬不要敷衍，認真對待用戶每一次反饋。

在社會化媒體環境下，以「個人」為單位的自媒體擁有可匹敵媒體和企業的傳播力，企業面對用戶的溝通策略，也應該從「管理」和「控制」中跳出來，先學會「傾聽」，才知道如何對用戶「說」，才知道對用戶「說什麼」，才可能實現企業和用戶的「擁抱」。

◈ 基於關係的鏈式傳播

所謂「社會化」，其核心是「關係」。其實「關係」是一個邊界很寬的概念，比如親人是一種關係，朋友、同學、同事也是一種關係，而相互追隨，關注一個話題，甚至是出現在一個地點，買一種東西，這些理論上都是不同的「關係層」。現在之所以社會化網路大規模興起，其核心的推動力就是互聯網上的各種社會化網路和應用，現實社會中難以形成的「關係層」，透過互聯網可以不斷湧現。

在過去幾年的時間裡，在中國社會化媒體上，所有人的注意力都集中在搶占高速成長的用戶群，搶占一些社交的局部節點。這個過程中，社交關係的價值基本上沒有被真正挖掘過，也沒有被真正思考過，如何在已有的一些「關係層」上進一步演化出有獨特價值的垂直應用。

另一方面，我們必須看到微信成功的真正原因在於不是如微博那樣「把關係做大」而恰恰是「把關係做小」，讓每個人與不同的圈子和個體更緊密地鏈接，把微博的「弱聯繫」轉變成「強聯繫」，然後透過無數個高黏性、高活躍的「小網路」變成一個基於「緊密關係」的「大網路」。在微信平台上如何釋放「小關係」的價值，不僅僅是基於關係的傳播所帶來的信息鏈式反應，而且還能在信息流動中注入信任和精準等助推力。

【案例】

2014 年春節的「搶紅包」大戰

2014 年的春節，一場「搶紅包」大戰在各大微信群裡輪番上演。據官方數據，從除夕開始，截至大年初一 16：00 時，參與搶紅包的用戶超過 500 萬，平均每分鐘領取的紅包達到 9412 個。

「紅包」並非微信一家獨有，支付寶也有類似的活動，支付寶上線了「新年討喜」功能，設計了四個選項，分別是向老闆討、向親愛的討、向親朋好友討和向同事討，用戶透過轉發、評論、按讚等方式獲取抽獎機會。與支付寶相比，微信優勢在於社交關係鏈，即人的鏈接和流動；支付寶是透過通訊錄或對方支付寶帳號的方式，而微信則利用現有的好友關係網路。簡單來說，用戶通常不會主動添加別人為自己支付寶好友，只有在需要轉帳的時候才會添加對方信息，但是微信本身就是日常交流的工具，其好友關係都是在平時累積，在這種情況下，人的主動傳播顯然更利於人群之間的互動和擴散。

紅包本身就是鏈接關係的載體，送紅包是親密的親友之間的行為，與支付寶比，論支付功能，微信只能當支付寶的學生，但同樣的，支付寶的關係鏈並不強大，難以開展病毒式傳播，微信的優勢在於社交關係鏈。

互聯網競爭中，突破靠點，成長靠鏈。在這次紅包大戰中，除了產品的細節，社交關係鏈是一決高下的關鍵，關係鏈在這次新年紅包的傳播中發揮了決定性的作用。

不管怎樣，基於關係的傳播是人類社會的基本特徵，而基於網狀結構關係的傳播有鏈式反應的新特點。其實，現實世界並不是沒有這樣的模式，如果我們仔細想想，傳銷最初就是依靠基於關係的傳播、引導和交易存在的。

你的社交關係鏈，其實也是你的傳播鏈，更是你的生意鏈，其速度之快，效果之好，令人咋舌。因此，借助社會化媒體基於關係的鏈式傳播，其對商業領域的深刻影響正在發生，這裏面蘊含的創新機會值得更深入挖掘。

基於信任的口碑行銷

在大眾媒體出現之前，朋友、家人等熟人之間的交流曾是主要的信息傳播途徑，所以在當時，熟人之間的口碑也是商家獲得顧客的重要途徑，口碑行銷在企業的宣傳推廣中有不可替代的作用，我們熟知的很多中華老字號就都是靠口碑起家，口碑成為很多企業成功的基石。

口碑宣傳威力巨大的原因是信任。當家人、朋友傳遞信息給我們的時候，我們不可避免地會把對朋友的信任關聯到信息上，當信息是對某個商品或品牌的評價時，就是口碑。直到今天，當我們來到一個城市，當地的朋友一定會推薦我們某一個在當地知名的飯館或者小吃，而出於對朋友的信任，我們一定會去品嘗。

後來，隨著大眾媒體的興起，報紙、雜誌、廣播電視等媒體成了有效和主流的信息傳遞管道，企業依靠在媒體上發布廣告接觸大眾。

如今一切已經開始發生變化，隨著互聯網的發展，尤其是社交網站的發展，人與人之間透過網路的聯繫愈來愈緊密，信息透過社交網站在朋友等熟人之間的傳播效率也愈來愈高。10 年前，我們透過互聯網獲取信息的主要途徑是入口網站，而今天，我們則透過微博或微信獲得更多的信息，社交網站成了用戶重要甚至首要的信息管道來源。

同時，很多用戶不信廣告，但對有相同經歷的陌生人卻很信任，相信社會化媒體上人們對於品牌的評價，從自己信任的圈子來獲取品牌和產品信息，並做購物決策。從心理學上來看，人們都有透過增加信任來降低交易成本的潛意識需求，所以因「人可靠所以東西可靠」的概念早就被廣告行業透過明星代言方式運用了。但是社會化網路可以把每個人都變成「高可信度」的節點去影響小範圍的人，而這會在傳播信息之外形成非常強烈的購物引導。

一切似乎又在回歸。沒有媒體對於信息傳播管道的壟斷，我們透過跟家人、朋友和其他熟人交流來獲取信息。但信息傳遞的範圍和深度已經今非昔比，不再局限於一個茶館、一個群體，透過社交網路上的接力轉發，信息幾乎可以到達全國甚至全世界任何一個人。既有關係鏈的信任，又有比傳統媒體更高的傳播效率，口碑行銷乘著社會化網路時代的東風，迎來了一個絕佳的復興時機。

電影《人再囧途之泰囧》，就是很好的例證。自上映以來，創下多個票房紀錄，上映兩天就收回成本，上映 20 天全中國票房破 10 億元人民幣，最終票房累計達 12.36 億元人民幣，觀影人次累計超過 3800 萬人次，超過《阿凡達》等片。巨大成功的背後是口碑行銷的高超運作。

如果我向身邊的兩個朋友推薦這部電影，電影院就會多賣出兩張電影票嗎？答案是：是這樣，但並不僅僅是這樣。

口碑傳播的擴音器：信息傳遞的多米諾骨牌效應

在一個互相聯繫的系統中，一個很小的初始能量可以造成連鎖反應，這種連鎖反應就被稱為「多米諾骨牌效應」。2006 年，政治科學家大衛・尼克森（David Nixon）進行了一項關於投票的實驗，實驗人員挨家挨戶敲門，與開門的人交談，請他們為某一項選舉投票，實驗證明，那些與實驗人員交談的人，投票的可能性增加了 10%。這個結果並不令人驚訝，因為上門拉票的政治公關方式早已被經驗和數據證明是有效的，令人驚訝的在後面。這些開門人家中的其他家庭成員投票的可能性也增加了 6%，也就是說，實驗人員對開門人影響的 60% 傳給了沒開門的那個人。

假設這種影響會繼續傳導下去。如果第一個人投票的可能性增加 10%，第二個人投票的可能性增加 6%，第三個人是 3.6%，第四個人是 2.16%……

粗看這似乎不是很大的數字，但不可忽視的是，在傳染性影響的效果每傳播一層就減弱一次的同時，每一層所影響到的人數卻是呈指數增加的。

假設你向兩個朋友推薦了《人再囧途之泰囧》，那麼兩個人購票的可能性就增加 10%。但是，有 4 個人購票的可能性增加 6%，8 個人購票的可能性增加 3.6%，16 個人購票的可能性增加 2.16%……也就是說，一個推薦能引發大約 30 個額外的購票可能性。如果有一個《人再囧途之泰囧》的忠實影迷，成功地向 36 個人推薦了這部影片，那麼至少 1000 人增加了購票的可能。

口碑傳播的主力軍：不可忽視的水軍

「豆瓣」上《人再囧途之泰囧》剛開始的評分一直保持在 8.9 分，這其中是水軍（註①）的功勞。好的分數往往代表了電影的品質，電影在前期建立起分數的優勢，會對後期的票房產生不可忽視的作用。

水軍造勢現在已是各界公開的祕密，但這也正好契合了觀眾的心理，很多人決定是否看一部電影之前都會去關注評價，這就得依靠水軍了。不過，電影本身的品質還是要夠好，不然縱有水軍的支撐，品質很爛的電影最終還是會被大家唾棄。水軍的作用之一在於勾起了很多人看電影的欲望。

口碑傳播的主戰場：微博推動口碑放大

很多人都表示《人再囧途之泰囧》的笑點十足，讓人笑到肚子痛，在微博上《人再囧途之泰囧》也成了大家議論紛紛的話題，關於《人再囧途之泰囧》的消息達到 420 萬條之多，讓人想不關注也難。一部小成本電影帶來了如此多的歡樂，本身就是一種能力，而仔細關注，發現其中幾乎沒有說《人再囧途之泰囧》不好看的，這也為這部影片的票房做了最有利的宣傳。在這個年代，口碑行銷可以算是最重要的方法之一，借助於微博，消息短時間內得到迅速傳播，《人再囧途之泰囧》的成功也就不難理解了。

還有「九陽」的一款麵條機，就藉由口碑行銷，透過影響有影響力的人，讓他們成為企業和品牌的代言人。在 3 天的時間裡，賣了 8000 台，銷售額達 300 多萬元人民幣。

2013 年 4 月，九陽在「天貓電器城」首發家電新品——麵條機。在天貓首發的 3 天，共賣出 8920 台，九陽倉庫一度出現斷貨。其中，新浪微博為天貓上的九陽麵條機銷售店鋪——九陽卓嘉專賣店引流 25835，在 8920 個成交訂單中，有 4241 個直接來自新浪微博，直接訪問轉化率為 18.24%。

核心的操作步驟：首先，開通一個新浪微博帳號：@寶貝吃起來，身分是新浪認證的資深育兒專家，主要分享寶寶飲食的經驗。然後，透過微博搜尋關鍵詞「副食」、「寶寶副食」，去搜尋草根育兒達人（真實媽媽），主動產生互動，以交流和溝通寶寶副食食譜和育兒經驗為話題，解答彼此間的疑問，同時將自己得到的「九陽贊助」的麵條機送給媽媽們試用。共有 50 位育兒的媽媽達人使用，共產生 150 篇試用報告，透過這些達人的口碑，實現了 19201 次轉發，5622 評論，其中，2054 加 V 帳號進行參與，共計實現 41439000 人次的曝光。

在大回報背後，整體費用投入卻非常少：微博傳播投入 10 萬元，包含廣告公司費用 + 試用麵條機成本，育兒達人的合作回報就是給一台麵條機。

社交平台的力量，是信任的力量，在社會化媒體上營造好的口碑又會帶來更多的顧客，提高銷售量並培養了忠實的消費群體。在社會化媒體的環境下，口碑行銷成了企業行銷最有效的方式。

基於社群的品牌共建

在筆者參與的一次微信分享會上，北大社會學博士姜汝祥展示了他對未來電子商務形態的判斷：「基於行動互聯網的電商 2.0 在全球都才剛剛開始，在中國，部落電商更有價值，因為中國人在人際交流方面的需求要比西方強得多。微信的價值在於作為部落電商的入口，人們在微信形成初級的部落聚合。基於行動互聯網的部落電商體系剛剛發展起來，具有較大的投資價值，在這個意義上，任何一家公司做電商，如果只做成公司產品層面的電商，無疑就把自己低估了，要做就做基於客戶聚合的電商。」

社會化電商的核心競爭力不是資源占有，而是人的聚合，所以，未來的商業布局，一定要基於目標客戶群落（即社區）展開。

當用戶以網的形式存在時，愈來愈多的品牌開始為其顧客建立線上社區，幫助顧客彼此之間建立聯繫，成為社群，圍繞特定的主題分享、交流信息，如化妝品品牌可以為顧客建立分享美容、化妝知識的社區。從用戶角度來看，他們想從品牌社區中獲得什麼，願意與品牌建立什麼樣的關係呢？這些都將成為品牌社區建立意義與規畫的依據。

事實上，品牌社區是連接品牌和用戶需求之間的一道橋梁，而這道橋梁能幫助企業解決四個基本難題：認知、興趣、反饋、購買。在為顧客提供平台的同時，品牌也可以累積用戶對品牌和產品的各種意見和看法，從而優化自己的產品和服務。其中最知名的品牌社區，是Nike早在2006年推出的Nike+跑步者社區，現在已經成為世界上最大的，擁有300多萬來自世界各地跑步愛好者的線上平台。

Nike先後推出了Nike+iPod、Nike+iPhone以及Nike+Sportsband等，透過和球鞋無線連接的各種電子產品，跑步者能夠了解自己的運動時間、距離、熱量消耗，並將這些數據上傳到Nike+社區，來和其他跑步愛好者分享甚至競賽。其中和iPhone設備的連接，可以讓用戶直接透過手機應用連入Nike+社區。

品牌社區是「企業搭台，用戶唱戲」。企業表現出樂於並易於溝通的形象，利用更適合自己「聽眾」的內容策略來建立品牌社區，然後透過社區管理來發現並鼓勵品牌支持者成為自己品牌的「傳教士」，這對培養企業用戶忠誠有好處，手機品牌「魅族」的成功之道即在於此。

作為中國時尚智慧手機領導品牌，魅族透過建立以產品使用分享為溝通核心，形成品牌與用戶、用戶之間強互動的品牌社區，借助用戶關係促進品牌價值認同，獲得產品使用反饋（幫助手機進行功能和用戶體驗改進），促進銷售。

更值得一提的是其在全國「魅友」（魅族粉絲自稱）俱樂部等品牌粉絲團十分活躍，線上品牌社區積極發表測評意見，相互提供解決方案，自己開發軟體產品，線下組織各種活動，原創《魅友之歌》等，成為品牌最好的傳聲筒和代言人。幾乎沒有哪家中國廠商像它那樣擁有那麼多對其產品、品牌、文化、創始人由衷追捧、津津樂道、不離不棄的用戶粉絲——這種粉絲文化一枝獨秀的狀況直到小米手機的出現。

從魅族的成功能總結出幾條經驗：

（1）重視社會化社區的建立和營運，透過市場、公共手段引導用戶進入社會化社區。

（2）不僅在社區中提供客服等基礎服務，也要把網友留下，還有靈魂人物老闆的親自介入。

（3）培養網友之間的關係是營運的重點，用關係把用戶留住。

（4）互動還是最重要的，但企業需想好互動的切入點。

除了線上社區，線下社區也一樣，典型的例子是蘋果的品牌體驗店，很奢侈，很夢幻。賈伯斯說，它不只是「簡單」的商店，而是蘋果顧客交流意見的場所，體驗新產品的夢幻之地——這就是賈伯斯的品牌共建之道。

品牌社區是精準而高效的溝通管道，增強用戶與企業之間的關聯度，提升品牌忠誠度。除此之外，品牌社區能為企業和用戶帶來的東西很多，一方面，雙方都能夠發現各自需要的價值，並找到連接點；另一方面，品牌成為企業和用戶的共同擁有，兩者的關係發生了根本性的改變。

綜合上述，首先，隨著社會化媒體個人表達性愈來愈強，用戶的意見和體驗對其他用戶的影響日益加強，企業廣告對用戶購買力形成的作用逐漸下滑。如今，企業已經無法全面控制自己的品牌，用戶開始主動參與產品和服務共建。企業掌握對話的時代已經結束，用戶從被銷售對象到企業和品牌中的一分子，成為參與者、傳播者及主動創造者。在這個「行銷民主」的新時代，用戶參與不是形式和口號，而是一種革命性的轉變。

其次，企業和品牌與用戶溝通的邏輯發生了深刻的變化（見圖 6-1）。對於企業和品牌來說，終極目標是滿足需求並獲取利潤，說白一點就是賣貨賺錢。以前，企業和品牌按照「知道、購買、忠實」的方向運作，花很多錢讓更多人知道，然後讓他們買進而成為忠實用戶，而新的邏輯是，在社交媒體上，每個人都是代言人，品牌傳播按照「忠實用戶、擴散知名度、更多用戶」的方向進行。傳統的傳播方式有現成的廣告，必須透過媒體傳播出去；而社會化傳播是透過人的傳播，企業的社會化傳播，是基於企業用戶的傳播。

圖 6-1 品牌邏輯變化

BEFORE
知道 Awareness → 購買 Purchase → 忠實 Loyalty

NOW
忠實客戶傳播 Loyalty → 擴散知名度 Awareness → 更多客戶購買 Purchase

品牌邏輯的變化

社會化媒體和網路帶來的變革，不僅讓溝通模式帶來新突破，而且會進一步改變企業生產、研發、客服等各個環節，以致重塑企業的組織管理和整個商業運作形態。

註①水軍：網路水軍指受雇於網路公關公司，為他人發帖回帖造勢的人員，現在也有專職和兼職之分。

第三節

法則 13——
社會化網路，重塑組織管理和商業運作模式

群策群力，研發眾包

透過社會化網路和工具讓個人和群體的高度鏈接和快速交互，使得以「蜂群思維」和層級架構為核心的互聯網協作成為可能，以此催生眾包——一種分布式的問題解決和生產模式，是互聯網帶來的新的生產組織形式。

眾包是《連線》（Wired）雜誌記者 Jeff Howe 於 2006 年發明的一個專業術語，用來描述一種新的商業模式，即企業利用互聯網來將工作分配出去、發現創意或解決技術問題。透過互聯網控制，這些組織可以利用志願員工大軍的創意和能力——這些志願員工具備完成任務的技能，願意利用業餘時間工作，滿足於對其服務收取小額報酬，或者暫時並無報酬，僅僅滿足於未來獲得更多報酬的前景，這提供了一種組織人力的全新方式。

在產品研發方面，P&G「外部創新中心」堪稱經典案例。InnoCentive 網站創立於 2001 年，已經成為化學和生物領域的重要研發供求網路平台，「創新中心」聚集了 9 萬多名科研人才，P&G 是「創新中心」最早的企業用戶之一。該公司引入「創新中心」的模式，把公司外部的創新比例從原來的 15% 提高到 50%，研發能力提高了 60%。P&G 目前有 9000 多名研發員工，而外圍網路的研發人員達到 150 萬人。

還有 Volkswagen 在中國推出的大眾自造網路互動社區，中國地區的民眾可以在網路上跨媒體實現汽車設計的靈感激發、知識分享、虛擬實境造車、互動交流、創意主題競賽、投票評選等溝通需求，兩年時間裡，有將近 40 萬人參與，獲得了 12 萬個汽車創意，其中 104 個被採納並實現。

產品的生產不再是企業內部的事，研發也再不是閉門造車，而是「從群眾中過來，到群眾中去」。

⊗ 鏈接客戶，優化服務

隨著社會化媒體時代客戶關係的互動與演進，企業 CRM（客戶關係管理）發生了根本性的變化。傳統 CRM 的基礎是企業收集的用戶信息，這些信息被放入 CRM 系統中進行分析，得到的結果會被用來鎖定各類目標客戶。而社會化 CRM 強調互動、合作關係，而非單向的傳遞信息。社會化 CRM 可以把多種社會化行銷活動進行連接，並對用戶進行持續的數據跟蹤和深入的數據挖掘，接近並了解真正的目標受眾，發現潛在客戶。把在線上參與活動的粉絲和傳統 CRM 的數據庫打通，了解粉絲、顧客、會員之間的內在聯繫，最終會累積成社交用戶數據庫（Social Customer Data Base），再透過長期跟蹤、篩選、了解後，企業能構建出有效的目標受眾溝通網路。

舉例來說，一酒店對客戶有非常完備的忠實客戶優惠計畫，也能透過 EDM（電子郵件行銷）的形式及時給優惠計畫顧客發送信息，最近，該酒店透過 Social CRM 系統，加入了優惠計畫客戶的社會化媒體信息，酒店會提供是自己 Facebook 頁面粉絲的優惠計畫客戶更多增值服務，比如雙倍積分等，更有意思的是，透過系統數據分析，酒店的前台和房間服務人員可以根據客戶在其 Facebook、Twitter 上的發言和互動給客戶提供量身訂做的服務，比如提供客戶喜歡的咖啡口味、水果品種、報紙種類或者兒童玩具等，服務品質大大提高，品牌好感度也提高。

時代發展帶動產品和品牌的愈加豐富，用戶可選擇範圍愈廣，CRM 的重要性就愈大。未來的品牌競爭，歸根究底是 CRM 的戰爭，社會化 CRM 使客戶關係管理部門變得愈來愈重要，他們透過網路運作增進客戶深入參與，同時能提供更優質的個性化、人性化服務。

聚沙成塔，眾籌融資

透過社交網站募集資金的互聯網金融模式即眾籌融資。

眾籌模式起源於美國的大眾籌資網站 Kickstarter，該網站透過搭建網路平台面對公眾籌資，讓有創造力的人可能獲得他們所需要的資金，以便使他們的夢想有機會實現。這種模式的興起打破了傳統的融資模式，每一個普通人都可以透過該種眾籌模式獲得從事某項創作或活動的資金。Kickstarter 是全球化的，其發起的 peple 手錶項目，在很短的時間內，獲得來自全球 68000 多人 1026.6 萬美元的資金支持。在 2012 年 3 月 8 日至 4 月 5 日歐巴馬總統簽署《促進初創企業融資法案》（JOBS Act）成法律後，美國的眾籌融資呈現出爆炸式增長。

中國境內的「點名時間」（Demohour）於 2011 年 7 月上線，是中國最早的眾籌平台。據其公開數據，上線不到兩年就已經接到了 7000 多個項目提案，有近 700 個項目上線，項目成功率接近 50%。

除了個人大眾的力量，現在也出現了專門針對企業項目融資的社會化融資平台。

天使眾籌平台「天使匯」（AngelCrunch）成立於 2011 年 11 月，是中國排名第一的中小企業眾籌融資平台，為投資人和創業者提供線上融資對接服務，是中國互聯網金融的代表企業。天使眾籌即多名投資人透過合投方式向中小企業進行天使輪和 A 輪投資的方式，為創業者提供了一個更具規範且方便的展示平台，為創業者提供了一站式的融資服務。

2013 年 10 月 30 日，天使眾籌平台天使匯在自己的籌資平台啟動眾籌，為天使匯自己尋求投資，到 2013 年 11 月 1 日 5 時 30 分截止，天使匯目前的融資總額已經超過1000萬元人民幣，超過天使匯自己設定的融資目標500萬元一倍，創下最快速千萬級融資紀錄。

社會化網路的特性使融資變得更加大眾化、更加開放、門檻更低，能便捷地集中大家的資金、能力和管道。

廣羅人才，精準匹配

傳統招聘網站獲得簡歷的質量和針對性不高；在報紙、雜誌等傳統媒體發布廣告成本高，效果不確定；招聘外包服務機構成本高，效果有限；公司員工內部推薦雖效果較好，但範圍有限。

透過社會化網路把人力資源工作社會化，企業招聘活動的「社會化」，把企業招聘行為，以社會化媒體為載體，透過社會關係的口碑傳播、發布，獲取職位和人才信息，幫助企業更有效、更精準、更省錢地完成企業招聘的工作，同時，形成人才社群，提高人才庫動態調節的能力。

理想的招聘平台最終要解決的問題是「規模化人崗匹配」問題，無論是線上的，還是線下的，能在平台上以最經濟實惠的成本，實現最多匹配的就是贏家。相較於傳統的招聘模式，社會化招聘有著突出的優勢。

一.更多元的信息管道

傳統招聘一般選擇的線上平台是人力銀行，線下基本上是徵才活動和紙媒，收費的是廣告模式，按照頁面的位置和大小來核定；當然也有內部推薦，但範圍非常有限。在傳播效率和精準度上，傳統平台廣泛、零散；社會化平台細分、集中，找不同類型的人要去不同的平台。

在SocialBeta深圳活動現場，嘉賓@方雨007分享電商招人心得：

招文案和微博專員上「豆瓣」，招客服上「58」，招技術上「落伍者」和「中國站長站」，招兼職寫手上「豬八戒」，招淘寶店長上「派代」和「馬伯樂」，招美工上「藍色理想」，招電商總監用微博搜尋，招 CEO 就多參加電商行業大會，招聘高層上「獵頭網」、「優士網」、「Linkedin」。像網路推廣攬客一樣，換位思考，抓住用戶行為軌跡，目標人群在哪裡，你就鎖定哪裡！

二．招聘全程互動交流

在傳統招聘過程中，企業和應聘者之間的信息傳遞是靜態的、單向的，企業花錢坐等簡歷，應聘者投完簡歷坐等面試通知。在社會化媒體平台上，雙方可以積極地線上交流和互動，在面試之前增加了雙方的了解程度。拿相親打比方，前者是拿著照片相親，看著對眼，見面就傻了，就算見面還不錯，一交流就傻了；後者是一開始大家就嘗試著交流，覺得合適再見面，見面還不錯基本上就成了。

三．信息的流動、立體和透明化能提高匹配度和效率

以前，應聘者對企業實力的判斷只能看本身知名度和廣告的大小，有的企業簡歷來得雪花一般，人資部眼睛都挑花了；有的企業寥寥無幾，乾瞪眼著急。但有社會化的平台，信息發布和獲取的門檻變低了，信息流動的速度變快了，大家獲取信息的管道變得非常豐富，企業找人不難，人找企業也變得容易。要知道，林子大了，才會什麼鳥都有！

以前，企業對應聘者的了解就靠履歷，但是，在社會化媒體的時代，信息呈現的密度和豐富度變強了，人與人之間的鏈接度變深了，使得企業和應聘者雙方的認知很清晰，因此，很多企業要求求職者提供微博。互聯網女皇，KPCB 的 Mary Meeker 在 2013 互聯網趨勢報告中說：「1993 年，在互聯網上，沒有人知道你是一條狗；2013 年，在互聯網上，每個人都知道你是一條狗。」

更重要的是，彼此都有第三方評價，這點非常的重要，光你自己說自己好不行，得別人也說你好才行。群眾的眼睛可是雪亮的！

四．人人都是 HR

在整個招聘過程中，除了最後入職，都沒有用到公司的人力，但過程非常順利，結果非常滿意。只要你願意，你就可以成為 HR，至少在招聘這個環節，你可以輕鬆地勝任。這樣的例子也很多：

比如騰訊的周錦增，透過 QQ 群、微群等方式，幫助 650 人投遞簡歷到阿里巴巴集團，其中 43 人成功加入了阿里巴巴；還幫助 160 人投簡歷到「盛大網路」, 其中 1 人進入了盛大網路。而他本人，由於良好的個人品牌，所以一直被大企業關注，繼阿里巴巴、盛大網路之後，目前進入騰訊從事社交廣告高級產品營運工作。

「華藝百創傳媒」總裁杜子建較早就嘗試在微博上招人。

【微招聘】：這次，只招聘身體不便、只能在家的兼職人員，最好有殘障證明的。20 人，沒別的要求，只要求會寫微博、能打字即可。有意願的，可以加這個 QQ。每次只接納 20 個。

微博發布後，3 天之內即有上百人報名，最終成功選出 20 人，杜子建對這個結果表示滿意。

因此，筆者覺得「人人獵頭」這個平台的名字取得真好，把社會化的特點展現無遺，那就是人人參與的力量。

有個說法，所謂社會化，無外乎兩件事情：就是基於個人生存的個人需求，再加上個人和這個社會互動時的需求。你有找工作的需求，別人也有找人的需求，同時，人與人之間有著或公開，或隱祕，或強或弱的聯繫。

五. 零成本

在成本上，傳統招聘如人力銀行網站是收費的，但社會化媒體和自媒體平台大部分是免費的，這一點，也充分體現出了互聯網和自媒體的特點。

第七章　大數據思維

- 大數據的價值不在大，而在於挖掘和預測的能力。
- 大數據思維的核心是理解數據的價值，透過數據處理創造商業價值。
- 數據資產成為核心競爭力，小企業也要有大數據。

法則 14　數據資產成爲核心競爭力

法則 15　大數據的價值不在大，而在於挖掘能力

法則 16　大數據驅動營運管理

第一節
法則 14——數據資產成爲核心競爭力

一切皆可數據化

管理大師戴明與杜拉克在諸多思想上都持對立觀點，但「不會量化就無法管理」的理念卻是兩人智慧的共識。有了大數據，管理者可以將一切量化，從而對公司業務盡在掌握，提升決策品質和業績表現。換言之，大數據意味著一場管理革命。

一切皆可數據化。

文字被量化成為了一個一個的字符；聲音被量化成了數字音頻；圖像被量化成了各種格式的數字圖片。淘寶、天貓、京東等形形色色的電商平台上琳琅滿目的商品是數據化了的現實物品；團購網站上各種各樣的打折信息是數據化了的服務；微博是數據化了的思想和觀點，轉發是數據化了的傳播；而 Facebook 數據化了人與人的關係； Foursquare 等簽到網站是數據化了的位置；而各種地圖應用則是數據化的地理場景，線上是線下的數據化映射。數據化意味著事務在數據空間裡的極易操作，往往由此發展出偉大的創意和賺錢的商業。我們應該意識到，人和物的一切狀態和行為都能量化、數據化，能夠在數據空間中被操作。

無處不在的傳感器，讓量化一切變成可能。

智慧手機，就是一個各種傳感器的綜合體，是一個功能強大的數據化終端。之所以稱為「智慧手機」，一是因為它有超強的感知能力；二是因為它有開放的操作系統，允許各種應用程式來使用它的感知能力。智慧手機的感知能力，具體地說就是：麥克風是它的耳朵，用來接收聲波，變成錄音；話筒是它的嘴巴，用來說話；鏡頭是它的眼睛，能捕捉人物和情景；GPS 能知道當下的位置；陀螺儀能感知到方位的變化；Wi-Fi 和 4G 是和外界聯繫的橋梁，因為數據的交換而具備了無窮的想像力，就相當於人與人之前的信息交流。而 iOS 和 Android 等行動操作系統，把智慧手機的這些智能開放給開發者，孕育出了幾十萬上百萬個應用，開啟了行動互聯網的繁榮。

量化自我運動以及由此催生出來的可穿戴設備的勃興，讓人體的數據化也如火如荼地興盛起來。量化自我（Quantified Self）一詞來源於《連線》雜誌主編 Kevin Kelly 和 Gary Wolf，他們在 2008 年提出這個概念，借指那些不斷探索自我身體（hack the self），以求能更健康地生活的人們。於是，催生出了各種各樣的可穿戴設備，眼鏡、手錶、手環、腳環等內嵌各種傳感器以及行動操作系統的設備將人體的脈搏、溫度、血壓、運動等數據 24 小時不間斷地採集下來，上傳到雲端，進而分析各種生理指標，監測人們健康狀況，並提供即時、有效的醫療保健服務。

更進一步，當感知、計算和通信等能力植入世界的各個地方，到大樓的鋼筋裡，到橋梁的主體裡，到每一件商品上……這個泛在的網路就是物聯網。任何物品都連接在這個網路上，成為一個數據源，即時地上傳下載數據，與其他物品進行通信，其數據量之大，超乎想像。

互聯網公司，本質都是數據公司。

互聯網的最大魅力在於，網上的行為全部都可以被「追踪」和「引導」。透過對線上瀏覽、分享、活動、購買等信息的分析，網上商家可以很容易地了解到消費者的購買需求及潛在購買需求，這使得網路推薦成本非常低，而消費者滿意度很容易得到提升。

互聯網公司是典型的「數據驅動」型企業，亞馬遜、Google 以及中國三大互聯網公司百度、阿里巴巴、騰訊，都是非常典型的數據公司。百度擁有兩種類型的大數據：用戶搜尋表徵的需求數據，爬蟲和阿拉丁獲取的公共 web 數據；阿里巴巴擁有交易數據和信用數據，還透過投資等方式掌握了部分社交數據、行動數據；騰訊擁有用戶關係數據和基於此產生的社交數據。

所以說 BAT（百度、阿里巴巴、騰訊）都是「大礦主」，坐擁數據金礦，但礦山性質不同。

互聯網公司在跨界做零售、金融、媒體等各個行業的時候，首先掌握的就是用戶的數據，這些數據能夠幫助它們做出更好的決策。「數據可以說明過去，但數據也可以驅動現在，數據更可以決定未來。」

「聲嘶力竭」的大數據

「大數據」一詞這兩年被炒得火熱，但直到現在還沒有達成一個統一的概念。《大數據時代》的作者維克多·邁爾·舍恩伯格（Victor Mayer-Schönberger）透過四個「V」的特徵描述，給大數據做了個定義。

・第一個特徵，是數據量夠大（Volume）。從 TB 級別，躍升到 PB 級別；它不是樣本思維，而是全體思維，大數據不再抽樣，不再調用部分，要的是所有可能的數據，它是一個全貌。

・第二個特徵，是數據類型夠多（Variety）。數據形式包括文本、圖像、影音、機器數據、地理位置信息等。

・第三個特徵，是數據價值密度低（Value）。以影音監控為例，在連續不間斷的監控過程中，可能有用的數據僅僅有一、兩秒。

・第四個特徵，是數據具有即時性（Velocity）。數據處理速度快，即時輸入、處理與丟棄，立竿見影而非事後見效。比如我們在百度輸入一條查詢信息，後台必須經過大量計算迅速呈現，而不是等了一小時才看到結果。

而國內互聯網公司多強調「在線」的數據特徵，認為「在線」遠遠比「大」更反映本質，那些寫在磁碟片、寫在紙上的數據，在互聯網應用中，根本沒有作用。他們認為國家統計局依靠事後的調查、問詢獲得的那些「數據」雖然「大」，但並不是真正的大數據。

我們權且拋去概念之爭，對於「大數據」各種呼籲的聲音，至少讓我們意識到，數據時代真的到來了，我們必須用數據的眼光重新審視我們周圍的一切。因為一切可以數據化，也就意味著我們可以依賴數據做出更為有效的決策。

今天，大數據已經在各行各業衍生出形形色色的數據應用。中國工程院院士李國杰曾表示：「推動大數據研究的動力主要來自企業的經濟效益」。IBM、Google、亞馬遜、Facebook 等跨國巨頭正是發展大數據技術的主要推動者。

2008 年推出的「Google 流感趨勢」，至今看來仍不失為一個典型的大數據應用範例。Google 設計人員認為，人們輸入的搜尋關鍵詞代表了他們的即時需要。他們編入了溫度計、肌肉疼痛、發燒、噴嚏等與流感有關的關鍵詞，當用戶輸入這些關鍵詞，系統便會開始跟踪分析，創建流感圖表和地圖。為了驗證「Google 流感趨勢」預警系統的正確性，Google 多次把測試結果與美國疾病控制與預防中心的報告作對比，結果證實兩者存在很大的相關性。

2012 年 3 月 22 日，歐巴馬政府宣布投資兩億美元推動大數據相關產業發展，將數據定義為「未來的新石油」，將「大數據戰略」上升為國家意志，表明未來對數據的占有和控制將成為陸、海、空權之外的另一種國家核心資產。

2013 年 11 月 19 日，中國國家統計局與上海鋼聯、山東卓創資訊集團有限公司、58 同城信息技術有限公司、天雲融創數據科技（北京）有限公司、中國聯合網絡通信有限公司、天脈聚源（北京）傳媒科技有限公司、百度在線網絡技術（北京）有限公司、阿里巴巴（中國）有限公司、紐海信息技術（上海）有限公司、昆明泛亞有色金屬交易所股份有限公司和南京擎天科技有限公司共 11 家企業在北京簽訂了大數據戰略合作框架協議，共同推動大數據在政府統計中的應用。這個事件反映了電子商務、電子政務、社區信息服務、智能媒體處理、機器學習等是進入大數據時代不可或缺的幾個獲取數據、處理數據、分析數據、挖掘數據的重要來源。

《大數據時代的歷史機遇》一書中傳達的核心觀點就是：缺少數據資源，無以談產業；缺少數據思維，無以言未來。

大數據技術，是指從各類型的數據中，快速獲得有價值信息的能力。適用於大數據的技術，包括大規模並行處理（MPP）數據庫、數據挖掘電網、分布式文件系統、分布式數據庫、雲端運算平台、互聯網和可擴展的存儲系統。

大數據技術的戰略意義不在於掌握龐大的數據信息，而在於對這些含有意義的數據進行專業化處理。換言之，如果把大數據比作一種產業，那麼這種產業實現盈利的關鍵，在於提高對數據的「加工能力」，透過「加工」實現數據的「增值」。

「不動聲色」的小數據

如果按照大數據的「4V」定義，或者在線的特徵，那麼目前我們看到的絕大多數公司所擁有的都並不是大數據，只能算是「小數據」。但是，這些小數據對於很多傳統企業來說，已經足夠有價值，其關鍵是對於數據的挖掘。

1948 年遼瀋戰役期間，司令員林彪要求每天要進行例行的「每日軍情彙報」，由值班參謀讀出下屬各個縱隊、師、團用電台報告的當日戰況和繳獲情況。那幾乎是重複著千篇一律枯燥無味的數據：每支部隊殲敵多少、俘虜多少；繳獲的火炮、車輛多少，槍枝、物資多少……有一天，參謀照例彙報當日的戰況，林彪突然打斷他：「剛才念的在胡家窩棚那個戰鬥的繳獲，你們聽到了嗎?」大家都很茫然，因為如此的戰鬥每天都有幾十起，不都是差不多的枯燥數字嗎?林彪掃視一周，見無人回答，便接連問了三句：「為什麼那裡繳獲的短槍與長槍的比例比其他戰鬥略高?」、「為什麼那裡繳獲和擊毀的小車與大車的比例比其他戰鬥略高?」、「為什麼在那裡俘虜和擊斃的軍官與士兵的比例比其他戰鬥略高?」林彪大步走向掛滿軍用地圖的牆壁，指著地圖上的那個點說：「我猜想，不，我斷定，敵人的指揮所就在這裡！」果然，部隊很快就抓住了對方的指揮官，贏得勝利。

從大批雜亂無序的數據中將信息集中、提煉，分析出研究對象的內在規律，林彪對兵力的計算可以精確到一個營甚至一個連。以當時的條件設備，再加上人工的費時費力，林彪尚能如此，可見他精細化的管理以及對數據的重視。這些數據很難被稱為大數據，但是卻創造了非常大的價值。

套用鄧小平的一句話：「不管黑貓白貓，會抓老鼠的就是好貓。」這裡應該是「**不管大數據還是小數據，能夠為決策提供依據的就是有價值的數據。**」

對於很多傳統企業而言，對數據的重視程度不夠，就更別談大數據。所以沒必要糾結於是不是大數據，至少先把數據意識建立起來。

數據資產成爲核心競爭力

2013年7月，華東師範大學一名女生收到來自學校勤助中心的短訊：「同學你好，發現你上個月餐飲消費較少，不知是否有經濟困難?如有困難，可電話、短訊或郵件我。」

事實上，這名女生因為減肥減少了飯卡支出，引發了學校飯卡消費數據監控系統的關注。這個監控系統透過對飯卡消費數據分析，了解學生的經濟狀況，推測如果花費顯著少於正常情況，校方是否應採取必要的干預措施。

這名女生把短訊截圖發到微博上，立即引來一片讚揚聲：「負責的學校，讓冰冷的數據有了人性之美。」

這一案例也成為業內人士一直津津樂道的一個觀點：大數據技術應用不能僅在數據上下功夫，還需要與現實生活相結合。

大數據被寄予厚望的地方或許恰恰在於此——其創造價值的過程本身就是一場「商業和科學革命」，因而，數據處理與分析等基礎技術的突破已經不是當前的最大障礙，關鍵在於如何從商業、社會的角度充分解讀數據。

Sony 的創辦人出井伸之解釋 Sony 衰落的根本原因時，說了一段發人深省的話，「新一代基於互聯網 DNA 企業的核心能力在於利用新模式和新技術更加貼近消費者，深刻理解需求，高效分析信息並做出預判，所有傳統的產品公司都只能淪為這種新型用戶平台級公司的附庸，其衰落不是管理能扭轉的。互聯網的魅力就是『the power of low end』。」

這句話有兩層涵義。第一、傳統企業衰落的根本原因在於難以貼近消費者，難以了解消費者的真正需求。第二、互聯網公司的強項恰恰是自然地貼近消費者，了解消費者，因為消費者在互聯網上留下的「足跡」被這些公司運用大數據技術全部收集起來，即時、有效地分析利用，形成預判和商務決策，從而在競爭中立於不敗之地。傳統企業必然要嫁接互聯網企業的 DNA，否則必將淪為互聯網企業的附庸。

當數據成為資產時，數據相關的 IT 部門將從「成本中心」轉向「利潤中心」。數據滲透各個行業，漸漸成為企業的戰略資產，有些公司的數據相對於其他公司更多，使他們擁有更多獲取數據潛在價值的可能，比如互聯網領域與金融領域的企業。擁有數據的規模、活性，以及收集、運用數據的能力，將決定企業的核心競爭力，掌控數據就可以深入洞察市場，從而做出快速而精準的應對決策，其意味著巨大的投資回報。**在大數據時代，數據已經成為企業的重要資產，甚至是核心資產，數據資產及數據專業處理能力將成為企業的核心競爭力。**

在這個信息化不斷深入的年代，企業的採購、生產、銷售、營運等一切活動都會在數字空間留下痕跡，商流、物流、資金流最終彙集成為數據流，沉澱為企業的數據資產。這些沉澱的數據蘊含了改善企業經營、優化商業模式、拓展業務疆界的一切信息，只要善加利用，就能把數據變成閃閃發光的黃金。

阿里巴巴是成功營運數據資產的典範。馬雲在 2012 年公開宣稱「平台、數據、金融」是阿里集團未來的指導路線，阿里數據平台事業部伺服器上，攢下了超過 100PB 已「清洗」的數據。從 2004 年淘寶開始統計日誌之日起，整個淘寶系就統一了日誌格式，每個用戶在淘寶上的瀏覽、購買、支付等任意行為都被日誌系統記錄下，基於用戶的瀏覽和購買歷史，阿里巴巴不斷豐富自己對用戶的畫像，得到了用戶偏好的精確信息，做出了強大的精確廣告系統，成為集團利潤的一個基點；基於對商家的交易信息的了解，阿里巴巴能夠精確評估商家的償還能力，從而打造效率極高效益奇好的供應鏈金融；基於用戶的支付信息，阿里巴巴能比任何銀行都了解每個消費者的購買力，正在準備推出「虛擬信用卡」，積極備戰信用支付業務，屆時勢必掀起繼餘額寶之後又一輪互聯網金融風暴。數據資產的不斷沉澱和精耕細作的挖掘，讓阿里巴巴不斷突破自己原有的產業邊界，開啟一個又一個賺得盆滿鉢滿的商業機會。

第二節

法則 15 ——
大數據的價值不在大，而在於挖掘能力

維克多．邁爾．舍恩伯格在《大數據時代》一書中舉了百般例證，都是為了說明一個道理：在大數據時代已經到來的時候，要用大數據思維去發掘大數據的潛在價值。

什麼是大數據思維？維克多．邁爾．舍恩伯格認為：① 需要全部數據樣本而不是抽樣。② 關注效率而不是精確度。③ 關注相關性而不是因果關係。

我們認為，大數據並不在「大」，而在於「有用」。**大數據思維首先就是要能夠充分理解數據的價值，並且知道如何利用大數據為企業經營決策提供依據，即透過數據處理創造商業價值。**

大數據思維的核心是理解數據的價值，透過數據處理創造商業價值

《哈佛商業周刊》指出：數據科學家是 21 世紀最性感的職業。在獲取巨量數據後，就要考慮如何去利用數據，數據科學家就是採用科學方法，運用數據挖掘工具尋找新的數據洞察的工程師。大數據時代正是凸顯了數據科學家的重要性以及將數據分析和業務結合的必要性，當具備硬體和基礎設施條件從而產生巨量的數據時，需要有人將大量散亂的數據變成結構化可供分析的數據，進行整合、清理來形成結果數據集。

「人才雷達」就是一個典型例子。基於每個人在網路上留下的包含其生活軌跡、社交言行等個人信息的網路數據，依靠對這些數據的分析，從個人

的網上行為中剝離出他的興趣圖譜、性格畫像、能力評估，基於數據挖掘的人才推薦平台人才雷達，幫助企業有效率地進行匹配，提供獵人頭服務。為了評估一個技術人員的專業技能，人才雷達會利用其在專業論壇上的發帖數、內容被引用數、引用人的影響力等數據進行建模，完成其專業影響力的判斷。同時，微博的數據也被充分利用，其中折射出的社交關係也是判斷一個人職業能力的因素之一，所以，判別用戶在社交網路上好友的專業影響力也是人才雷達推薦系統中的一個重點。同時，即使被推薦者的個人能力難以符合職業需求，但如果他有著能力不錯的好友關係，則也可以做為合適的「推薦人」，將任務傳播到下一層級當中。不同用戶在社交網路上的行為習慣也是不同的，比如發微博的時間規律、在專業論壇上的時間長短，這些行為模式可以用來判別其工作時間規律，看其是否符合對應的職位需求。透過各種數據源的融合和分析，人才雷達不僅能夠在節省成本的前提下幫助企業提高人才招聘的效率，與傳統的獵人頭業務相比，其採用群體智慧的方式能夠更廣泛和客觀地篩選人才，並且其被動測量的方式也能在一定程度上避免直接面試時部分求職者的虛假表現，它現在的客戶有淘寶、微軟、百度等知名企業。

亞馬遜於2013年12月獲得「預期遞送（anticipatory shipping）」新專利，使該公司甚至能在客戶點擊「購買」之前就開始遞送商品，該技術可以減少交貨時間和減少消費者光顧實體店的次數。在專利文件中，亞馬遜表示，訂購和收貨之間的時間延遲「可能會削弱顧客從電商購買物品的熱情」。亞馬遜指出，它會根據早前的訂單和其他因素，預測某一特定區域的客戶可能購買但還未訂購的商品，並對這些產品進行包裝和寄送，根據該專利，這些預期遞送的商品在客戶下單之前，存放在快遞公司的寄送中心或卡車上。在預測「預期遞送」的商品時，亞馬遜可能會考慮顧客過往的訂單、產品搜尋、願望清單、購物車的內容、退貨甚至顧客的滑鼠游標停留在某件商品的時間。這項專利顯示，亞馬遜希望能充分利用它所擁有的巨量客戶信息，藉此形成競爭優勢。

大數據最本質的應用就在於預測，即從巨量數據中分析出一定的特徵，進而預測未來可能會發生什麼。當不同的數據流被整合到大型數據庫中後，預測的廣度和精確度都會大規模地提高。

小企業也要有大數據

要搭建一個大數據平台並非易事，特別是對耕耘在傳統行業中，缺乏IT技術的中小企業來說，更是困難。面對這種情況，小企業要善於應用市場上已有的大數據服務，給自己的業務插上騰飛的翅膀。

在中小企業如雨後春筍般發展的今天，面對資金的限制以及市場的競爭，中小企業該如何去適應大數據時代？

微軟亞太研發集團主席張亞勤有自己獨到的見解。他認為，做為小型企業，完全不必考慮自己建設一套IT系統，從精力、成本、能力上來說都不實際，此類企業可以將企業的IT建設外包給合適的服務商，將企業本身的所有精力投入到客戶的開發上。

小企業首先要做的不是追求大量的數據，而是具備大數據思維。真正想明白大數據的公司，都會在服務上著力。傳統的資源比如土地，幾乎瓜分殆盡，而數據資產卻是處在跑馬圈地的階段，任何一個小企業都可以透過提供新穎的服務來獲取不同的數據資產，大數據恰恰給小企業提供了難得的超越機會。

有了大數據的思維，中小企業就可以借助大數據來確定行銷方向和策略。有兩種方式可供選擇：第一、可從一些大企業買數據，像BAT這樣的互聯網巨頭，掌握了非常多的數據，無論各行各業的中小企業，都能發掘出對自己有價值的數據，從第三方買不但節省了自己開發大數據的成本，也能借鑑第三方的數據分析方式等，為自己所用；第二、中小企業自身不會產生過多的數據，量上很難達到一定規模，這使得企業在確定或調整自己發展方向時缺少了重要的量化依據，對這種情況，中小企業可以抱團取暖，上下游企業或同一行業的企業聯合起來共同開發，充分分享自己的數據，可以促進參與企業的共同發展。

第三節
法則 16——大數據驅動營運管理

未來有價值的公司，一定是數據驅動的公司

大數據時代，企業戰略將從「業務驅動」轉向「數據驅動」。過去很多企業對自身經營發展的分析只停留在數據和信息的簡單彙總層面，缺乏對客戶、業務、行銷、競爭等方面的深入分析。如果決策者只憑主觀與經驗對市場進行估測而制定決策，將導致戰略定位不準，存在很大風險。在大數據時代，企業透過收集、挖掘大量內部和外部的數據，可以預測市場需求，進行智能化決策分析，從而制定有效的戰略。在這樣的環境之下，傳統的經營管理模式都將改變成為數據驅動的企業。

當物聯網發展到達一定規模時，借助條碼、二維碼等能夠唯一標識產品，經由傳感器、可穿戴設備、智能感知、影音採集等技術可實現即時信息採集和分析，這些數據能夠提供智慧城市、智慧交通、智慧能源、智慧醫療、智慧環保的理念需要，這些所謂的智慧將是大數據的採集數據來源和服務範圍。

對於企業而言，數據已經成為生產過程中的基本要素，如同固定資產和人力資源一樣。數據的收集、分析和應用已經穿透了各個行業，數據不僅是信息的載體，也同樣可以為企業創造價值和利潤，企業需要重新認識和利用數據，未來有價值的公司，一定是數據驅動的公司。

「順豐本質上是一個IT公司，一個大數據公司。」順豐內部人士如是說。

每天，數以百萬筆的快遞、14 萬多名員工，在龐大的信息系統中高效運轉，順豐也將呼叫中心和信息系統定為最高商業機密和核心競爭力之一。當你撥打順豐客服電話時，你的訂單數據信息已開始進入順豐龐大的數據庫，

並將經過至少10道程序到達收件人手中，用時可能只有12小時。支持快速的祕密武器是其自主研發的數據中心系統。

這個數據中心的開發和營運，有著多達2000多人的菁英團隊。順豐遍布全中國5000多個網點的工作人員，每天都會對快遞包裹信息進行即時監控及管理，實現了物流、信息流、人流、現金流的無縫對接和快速周轉。這個數據服務中心是整個順豐的大腦中樞所在，某種意義上，順豐更願意把自己定義為一個技術公司，而非勞動力密集型快遞公司。

✪ 精準化行銷：你的用戶不是一類人，而是每個人

亞馬遜公司總裁曾說：「如果我的網站上有100萬個顧客，我就應該有100萬個商店。」現在的零售網站在挖掘顧客偏好時主要有兩種方式：一種是基於用戶，來判斷顧客之間的相似性。比如當你在網上買了一本最新的小說，網站就會自動提醒你買這本小說的顧客中還有65%的人買了另外一本，借助「群體的智慧」，讓顧客的購買行為來幫助完成「人以群分」。另一種方式是基於商品，透過判斷商品之間的關聯度來完成推薦。比如當你購買了一款刮鬍刀，網站自然就會推薦一款對應的收斂水，由此形成「物以類聚」。

這種基於「協同過濾」技術的推薦引擎現在已經比較普遍，其實，大數據還能做更多。比如，你登錄購物網站，瀏覽了幾款商品，但最後沒有下單，以前認為這些數據是沒用的，不計入交易紀錄，但其實你的網路路徑已經折射了你的喜好，根據你尋找某一款商品的方式，你在某一款商品上停留的時間多少，都可以推斷出你潛在的購買意願。

未來，隨著大數據的深度挖掘，很有可能會出現這樣一幕場景：你想買一款護膚品，登錄購物網站後，還沒等搜尋，就已經有兩款適合你的護膚品顯示在頁面上了，而且還是你心儀的牌子。為什麼網站能了解你的需求，很可能是因為你剛剛在微博上跟朋友討論起這個牌子的護膚品。

在傳統商業時代，企業眼中的「客戶」都是一個個概念性群體。傳統的市場細分理論將客戶按照年齡、收入、性別、婚否等社會屬性進行交叉分類，由此得出一個個所謂「細分市場」，在這種分類體系裡，沒有個人，只有標籤化的群體，企業得到的是對客戶的刻板印象。你每個月收入 5 萬元人民幣以上，那你肯定是所有企業的優質目標客戶群體之一，也意味著在這種概念性群體細分標準中，你就應該是不管消費什麼東西都是最貴的，不管使用什麼服務都是最好的。而實際情況又如何呢？你可能收入很高，但對很多方面的需求很容易得到滿足，買衣服基本款普通品牌就可以，搭飛機不一定都要頭等艙。在這種分類體系中是沒有「個人」概念存在的，而實際生活中，每個消費者都是活生生的個人，有感情、有需求、有情緒，每個人都是獨特的、有個性的、有感知的。互聯網時代的用戶不需要企業告訴他應該用什麼或不用什麼，應該買什麼或不買什麼，用戶需要自己去做選擇，認識到這一點非常重要。

在傳統商業時代，依靠傳統的市場調查、市場分析方法是沒有辦法定位到每個人的需求和感知的，而這一點在互聯網時代卻可以做到。透過用戶數據路徑的全程記錄與分析，每個人都在互聯網上保存了自己的數據資產，每個人都是可以被定位、被區分、被連接的。Google 的偉大之處和可怕之處就在於與每個人都建立了數據接口，打開了個人隱私之門；而 Facebook、微信的偉大之處和可怕之處在於將現實環境中的人際關係整體搬遷到網路。當個人的所有數據都被一家公司掌控得一清二楚時，只要這家公司願意，它就可以變身為你的終身生活助理，成為最了解你需要的夥伴，或者挖掘到它想知道的一切。

在大數據時代，零售企業可以將每個顧客在全通路（渠道）（包括實體店、網店、行動商店、社交網路、數字貨架和社交媒體）的數據碎片彙整起來，繪製出每個顧客完整的全通路（渠道）顧客雲圖。同時借助每個顧客的大數據，零售企業可以發動每一位員工（而不僅是行銷總監）傾聽或監測、參與和管理現有的和潛在的每一位客戶，在全通路（渠道）的每個接觸點上建立有影響力的 1 對 1 的對話和關係。

「銀泰網」上線後，打通了線下實體店和線上的會員帳號，在百貨和購物中心鋪設免費 Wi-Fi，這意味著，當一位已註冊帳號的客人進入實體店時，他的手機連接上 Wi-Fi，後台就能認出來，他過往與銀泰的所有互動紀錄、喜好便會一一在後台呈現。當把線上線下的數據放到集團內的公共數據庫中去匹配時，銀泰就能透過對實體店顧客的收據、行走路線、停留區域的分析，來判別消費者的購物喜好，分析購物行為、購物頻率和品類搭配的一些習慣。這樣做的最終目的是實現商品和庫存的可視化，並達到與用戶之間的溝通。

精細化營運：大數據帶來管理變革

過去 3 年裡產生的數據量比以往 4 萬年的數據量還要多，大數據時代的來臨已經無庸置疑。大數據時代的到來，為數據在企業營運中打破時空局限提供了新思路，為「解放數據生產力」提供了新辦法。巨量的用戶訪問行為數據信息看似零散，但背後隱藏著必然的消費行為邏輯，大數據分析能獲悉產品在各區域、各時間段、各消費群的庫存和預售情況，進而判斷市場趨勢，有效地刺激用戶需求，並依此按需配產並優化產品，實現從產品開發、生產、銷售到物流等整個鏈條的智能化和快速反應。我們即將面臨一場變革，這是成功的企業在未來發展過程中必須要面對的。

大數據已經成為電商營運的核心驅動力。我們來看一看「1 號店」的大數據實踐。

1 號店網站作為企業與消費者互動的門戶，每天承載著上千萬的商品點擊、瀏覽和購買，匯集成了巨量的數據，對於 1 號店，這是改進營運的依據。

大數據可以推動消費者成為忠實顧客

購買三、四單後，消費者的忠誠度變得相當高。如何推動消費者購買第三、第四單，跨越成為忠實顧客的這道門檻，大數據可以達到關鍵作用。

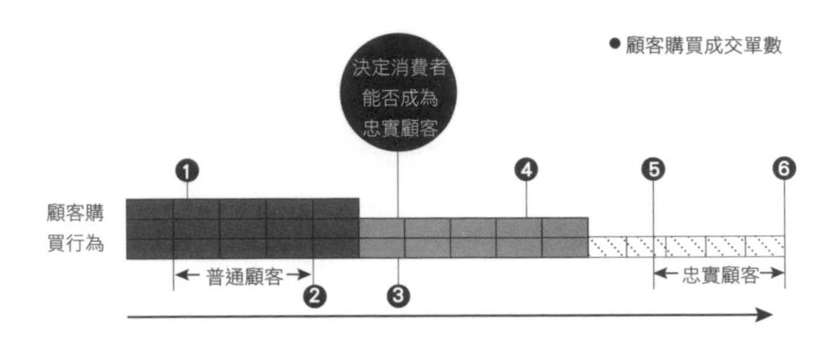

圖 7-1 大數據如何推動消費者成為忠實顧客

1 號店產品設計副總裁王欣磊說：「消費者進來是怎樣用的，怎樣找到商品的，怎樣買單的，整個的過程，我們都在用大數據分析，進而進行相應的改進。」其對大數據的應用，貫穿於引入顧客流量、引導顧客購買，到提升購買者忠誠度的全顧客生命周期中。

對於電商企業，如何從互聯網上引入流量到自己網站，是營運的起點。首先是用戶從哪裡來，關鍵在於三個方面：第一、從哪些管道來；第二、從哪些地區來；第三、來自哪些用戶群，新用戶還是老用戶。這三方面的分析直接決定著 1 號店後續引流資源的投入，而這都植根於 1 號店對於顧客行為的大數據分析。

在分析顧客來自於哪個通路（渠道）方面，透過網站收集的巨量顧客痕跡，1 號店能發現帶來更多流量和需要加強的管道：微博、論壇、還是入口網站，從而不斷地調整行銷策略。比如發現哪個通路可以投放更多廣告，哪個通路有潛力，卻沒有充分挖掘。在分析顧客從哪些地區來方面，透過網站上顧客來源痕跡的大數據分析，1 號店可以發現那些銷售增長快與增長慢的區域，相應調整不同地區市場的行銷費用；在顧客是新用戶還是老用戶方面，如果網站瀏覽和購買數據更多地來自於老用戶，企業就可以相應地降低市場費用。

1號店除了透過大數據方法對消費者分類建模外，還創造了一種購物清單模式。1號店的搜尋框旁邊有一個購物清單，消費者在1號店曾經購買過的商品都顯示在購物清單上，消費者還可以另行添加。對於消費者而言，這便於購買，而對於企業，購物清單就是一種反映消費者喜好需求的大數據源。透過購物清單的數據，1號店按照消費者的購買周期，對消費者進行行銷推薦。比如一個顧客看了商品後，沒有買，但加入了購物清單，當商品打折後，1號店就會即時向顧客進行推薦。

顧客進入1號店後，就進入引導顧客的購買階段。在這個階段，如何提升每個顧客的購買金額，並在此過程中，實現商品和各種資源的最優配置，是營運的關鍵。首先，1號店的網站改進，包括圖片、網頁設計，完全以顧客點擊和瀏覽等行為痕跡的大數據分析為依據，不僅如此，在與消費者互動過程中，1號店也應用了大數據。像一些商場的導購員一樣，在消費者瀏覽網站商品的過程中，1號店會給消費者一些提示推薦，根據消費者之前的瀏覽和購買行為，1號店的系統能判斷出消費者可能喜歡什麼商品，給以相應的提示。再如，根據消費者是搜尋商品還是瀏覽商品，1號店可以初步判斷出他是目的性很強、時間有限的購買者，還是時間充裕、目的性不強的購買者，對於前者會直接推薦商品，對於後者，則不斷刺激其購買行為。

顧客購買商品後，進入了後續物流和配送服務。在這個階段，如何實現最佳的供應鏈效率，減少倉儲和配送成本，提升配送速度，是電子商務企業營運的命脈。如何實現更有效率的揀貨，是影響物流效率關鍵的一環。1號店創造了一種高效的揀貨法——撥次揀貨。顧客一次往往會購買若干商品，如果一個訂單揀一次貨，出貨員可能會反覆經過同一貨品區域，浪費大量時間，所以1號店將若干個貨品所在區域接近的訂單合在一起，這樣揀貨員到一個區域就可以將與一批訂單相關的所有貨品都揀出來。在撥次揀貨中，如何讓揀貨員走更少的路，就需要依靠大數據分析。首先，1號店利用大數據分析，找出商品重合度最高的訂單群，比如說消費者買同一個品類的。其次，在擺放貨品時，將消費者經常一起購買，聚合度較高的商品放在一起，如可樂和薯條。這種建立在大數據基礎上的物流安排大大提升了揀貨效率，目前1號店平均一單有16.7件貨，員工揀一單貨只需不到80秒的時間。

在配送中，如何提供相應的服務選項，如何收費，也建立在大數據分析的基礎之上。1號店最新的配送服務「一日四送，一日六送」，可以讓消費者指定專門的配送時間，而消費者是否喜歡這樣的配送服務，會不會用，完全依靠對於消費者痕跡的大數據分析。1號店會看點擊這個選項的消費者有多少人，用這個服務的有多少人，點擊的和最後實際使用的比例。如果點擊不多，則代表這個配送服務不吸引人；如果點擊的多，實際使用得不多，則可能代表這個服務的費用高一點，需要考慮調整費用。

對於企業而言，消費者購買行為結束並不意味著終結，還希望將消費者變為自己的忠實顧客，在這個階段，1號店也在充分釋放大數據的威力。1號店發現，購買三、四單以後，消費者的忠誠度變得相當高，為此，它需要不斷推動顧客跨越這個門檻，但首先要找出哪些顧客最有可能。1號店用大數據分析篩選出這樣的消費者，透過一些優惠和積分換購，刺激這些消費者的購買欲望，推動其購買第三單、第四單。

1號店同樣依靠大數據的挖掘和分析，來減少顧客流失，對那些可能流失的顧客，透過一些定向的喚醒和挽留動作來刺激，顧客過生日了，會祝賀其生日快樂，或者發一些促銷信息，重新喚起顧客對於網站的感知。時機的把握也依靠對顧客購買周期的大數據分析，時間過早，可能做白工，喚醒時間過晚，又可能來不及。（註①）

在過去，傳統零售企業面臨著諸多挑戰：大環境的不景氣、電商的不斷衝擊、客戶消費習慣的改變、行銷同質化競爭……購物中心經營的壓力持續增高。而做為北京潮流新地標的「朝陽大悅城」卻表現出另一番欣欣向榮的景象：2010年5月開業，2011年銷售額突破10億元人民幣，2012年銷售額近14億元，2013年更是站上21億元的新高峰，銷售同比增長超過50%，客流超過2100萬人，同比增長45%。

朝陽大悅城的生命力何在？除了即時的業態調整和不斷創新的行銷活動等這些表面上看到的動作，朝陽大悅城真正的核心競爭力是基於數據的高效營運管理。

朝陽大悅城在成立之初，就組建了一個數據團隊。對於傳統零售行業而言，由於消費者進入商場的消費目的並不明確，加之所有購買行為不透過互聯網留下瀏覽痕跡，在這種情況下，增加數據來源也成為數據分析團隊關注的方面。2012年一年中，朝陽大悅城在商場的不同位置安裝了將近200個客流監控設備，並透過Wi-Fi站點的登錄情況獲知客戶的到店頻率，透過與會員卡相關的優惠券得知受消費者歡迎的優惠產品。朝陽大悅城的數據來源有三個：一個是POS機系統，任何一筆收入都進入該系統。還有一個是CRM系統，該系統與人關聯，便於對客戶進行研究。數據的另外一個來源是消費者市調，透過大量的市調問卷及定期的小組座談和深度訪談，朝陽大悅城對客群的特質掌握得愈發清晰。

透過對車流數據的採集分析，朝陽大悅城發現，具備較高消費能力的開車客戶是朝陽大悅城的主要銷售貢獻者，而透過數據測算每部車帶來的消費客單超過700元人民幣，商場銷售額的變化與車流變化幅度有將近92%的相關度。為此，大悅城進行了停車場的改造，如增加車輛進出坡道、升級車牌自動識別系統、調整車位導識體系等，力爭吸引開車客戶。此外，他們還調整了停車場附近的商店布局，極大地提高優質開車客群的到店頻率。

經過客流統計系統的追蹤分析，配上有針對性的解決方案可以有效改善消費者動線，拉動銷售是數據行銷的又一成果。大悅城4層的新區開業之後客人去逛的意願並不高，因為消費者熟悉之前的動線，所以很少有人過去，該區域的銷售表現一直不盡如人意。為此，招商部門在4層的新舊交接區空間開發了休閒水吧，打造成歐洲風情街，並提供 iPad 無線極速上網休息區。透過精心設計，街區亮相後，新區銷售有了明顯的改觀。

對於 2013 年 9 月 19 日朝陽大悅城店慶活動，在策劃之初，團隊內部也曾產生過分歧，到底應不應該在商業的淡季做這樣大規模的促銷活動，信息部調取了 3 年來小長假的數據紀錄進行分析，根據銷售曲線變化，最終決定把銷售衝高的日子放在中秋節，最終並核算定下了 1500 萬元人民幣的銷售任務。同時，分析出完成任務的兩個關鍵點：一是在商戶大力促銷及活動充分宣傳的基礎上，預期客流與提袋率增加相對容易實現，但客單價的大幅增長較為困難；二是根據歷史經驗，單日銷售衝高最大的動力來自於零售業態，多集中在下午和晚上，上午時段的增長成為增量的關鍵時段。

在大量數據研究的基礎上，信息部認為會員是解決這兩大難題的重要手段，必須想辦法在上午把最優質的會員吸引到店，刺激他們購物。信息部根據超過 100 萬條會員刷卡數據的購物籃清單，將喜好不同品類、不同品牌的會員進行分類，將會員喜好的個性化品牌促銷信息精準地進行通知，同時設計會員來店禮、滿額禮等活動，刺激會員儘早到店。信息部還根據會員的消費紀錄，找出在零售方面最有爆發力的 TOP100 會員，並對其進行電話邀約，針對這些尊榮 VIP 提供了當日滿萬元贈全年免費停車。

透過以上措施，活動當天會員消費爆增，比歷史前高增長 142%，據朝陽大悅城統計，當日銷售總額、會員銷售、坪效紛紛刷新歷史新高，同比之前最高紀錄增幅達 46.9%、142.2% 和 45.3%，其中 12 點前實現會員銷售額占全場銷售額的 73%，成功拉動了早場銷售；會員人均消費近 2000 元人民幣，有力地拉動了全場的客單價；為全天銷售大幅超過既定目標奠定了堅實基礎。朝陽大悅城的到店客人有超過 50% 是開車客群，於是朝陽大悅城應對的策略是做足電台廣播，同時在地下車庫坡道燈箱、電梯間等候區、電梯門、電梯廂廣告等位置做好對開車客人的信息傳遞。前期的數據測算、推廣的周密策畫加上與營運租戶的溝通，最後銷售額達到 1715 萬元人民幣。

過去通常的情況是，企業在做品牌行銷活動中，100元的廣告費用只有50元打動了消費者，大家都不知道到底哪50元是有效的，哪些是無效的。今天有了數據平台，針對目標消費群，採用有效的行銷活動，企業能使自己的投入更加有效率。

傳統企業應該如何行動才能享受大數據帶來的利益呢？

第一、一切生產經營流程都需要數據化。這是企業能夠透過深入數據分析，實現自身優化的基礎。要有計畫地將企業生產經營中的數據保存下來，即便是現在看來沒什麼用的數據，未來也可能產生巨大的價值。「長虹公司」在自己的生產線設置了很多傳感器，監測溫度、濕度、震動、噪音、顆粒等因素，希望了解生產過程中哪些因素會對員工產生明顯影響。他們之前都認為溫度和顆粒可能對於員工操作和產品質量影響最大，但是事實上最終數據分析的結果顯示，溫度是沒有什麼影響的，恒溫的控制對於生產效率和合格率的貢獻並不如想像中那麼大，反而是噪音對於員工情緒以及生產的影響非常重要，這一點發現幫助長虹公司做了更具針對性的調整。成為大數據企業的第一步，企業必須要實現數據化。

第二、搭建大數據分析平台。對於很多企業來說，做大數據並非意味著要自己去建設數據中心，隨著雲計算和雲數據中心的出現，使用外部數據中心的成本已經非常低了，數據存儲的費用也是成倍地下降。但是，企業要做大數據，必須要在IT基礎設施方面具有比較好的數據處理架構。值得注意的是，企業不僅要具備一個數據中心的硬體，還要考慮和企業業務方向結合。做企業的大數據管理應用平台，一定要從企業的業務出發，不能盲目跟風。

第三、培養數據挖掘和分析團隊。大數據的分析與傳統數據分析有很大區別，傳統企業現有的管理支持類數據分析，主要基於報表等一些結構化的數據，很難勾勒出企業經營的全景。大數據的進入就需要分析人員具有更高的素質，既要有扎實的業務基礎又要具備很強的數據挖掘能力，利用大數據平台和大數據分析可以將零散的市場數據、客戶數據等迅速高效地轉化成決策支持數據，這樣才能使企業及時把握市場環境變化，做出快速反應。

第四、建立開放性的數據共享制度。未來的大數據企業，一定要有開放共享的態度。一個企業的數據往往是有限的，很多時候需要與他人共享來豐富數據的形態，企業不僅需要具備開放的心態，也需要具備數據置換和共享的能力。Netflix 曾經公開了包含 50 多萬用戶和 17770 部電影的線上評分數據，並懸賞 100 萬美元獎勵能夠將 Netflix 現有評分預測準確度提高 10% 的團隊，類似的競賽在 Kaggle 數據挖掘競賽平台上屢見不鮮。偉大的企業懂得如何把最聰明的人集合起來，為自己服務。

第五，戰略性的數據資源儲備。數據就像石油，而且是放在聚寶盆中取之不盡用之不竭的石油——如果它被存儲下來了。具有戰略眼光的企業，能夠判斷數據未來的價值，願意花成本存儲一些潛藏巨大價值的數據。阿里巴巴投資新浪微博就是花錢買數據，所有這一切本質還是想讓數據流動起來做更大的事情。

大數據服務：從個性化到人性化

未來的大數據將更加能解決社會問題、商業問題、科技問題。有了大數據，醫療機構將可隨時監測用戶的身體健康狀況；教育機構將更能量身訂製用戶喜歡的教育培訓計畫；服務業將為用戶提供即時、健康，符合用戶生活習慣的服務；社交網站將能為你提供合適的交友對象，並為志同道合的族群組織各種聚會活動；政府將能在用戶的心理健康出現問題時有效地干預，防範自殺和刑事案件的發生；金融機構將能幫助用戶進行有效的財富管理，為用戶的資金提供更有效的使用建議和規畫；道路交通、汽車租賃及運輸行業將可以為用戶提供更合適的出行路線和服務安排。有了個性化的數據支撐，這些服務將變得更為精準、有效，每個人都可以享受大數據帶來的福利，這就是互聯網時代「以人為本」最好的體現。

以最近資本市場競相追逐的線上教育為例，2013 年以來，一股線上教育的浪潮正在席捲美國的教育領域，一系列新型的智慧網路學習平台正在成為高科技領域創新和投資的重點，其中不少新興的創業公司已經獲得了初步的成功，如著名的線上教育公司 Coursera，已經和普林斯頓、伯克萊、賓夕凡尼亞大學等 30 多所大學合作，在互聯網上免費開放大學課程。也就是說，如今這些學校的一些課程，可以實現全球幾十萬人同步學習，分布在世界各地的學習者不僅可以在同一時間聽取同一位老師的授課，還和在校生一樣，做同樣的作業、接受同樣的評分和考試。

這種智慧網路學習平台的崛起，在美國引起了廣泛的關注和激烈的討論，其中的原因，是因為這個平台已經不是一個鏡頭、一段錄影那麼簡單，而是能夠提供「行為評價和誘導」的智慧平台。

例如，透過記錄滑鼠游標的點擊，能夠記錄你在一張幻燈片上停留的時間，判別你在答錯一道題之後有沒有回頭複習，統計你在網上提問的次數、參與討論的多少，發現不同的人對不同知識點的不同反應，從而總結出哪些知識點需要重複或強調，哪種陳述方式或學習工具最有效等規律。再根據這些規律和分析，對學習者的學習行為進行自動的提示、誘導和評價，以彌補沒有老師面對面交流指導的不足。

這個智慧學習平台之所以強大，正是因為其背後的大數據。單個個體學習行為的數據似乎是雜亂無章的，但當數據累積到一定程度時，群體的行為就會在數據上呈現一種秩序和規律，透過收集數據，分析、總結這種秩序和規律，就能透過電腦對學習者提供有效的指導和幫助。

在傳統教育模式下，分數就是一切。一個班上幾十個人，使用同樣的教材，同一個老師上課，課後出同樣的作業，然而，學生是千差萬別的，在這個模式下，不可能真正做到「因材施教」。舉例來說，一個學生考試得了 88 分，這個分數僅僅是一個數字，它能代表什麼呢？ 88 分背後是家庭背景、努力程度、學習態度、智力水平等，把它們和88分聯繫在一起，這就成了「數據」。

大數據因其數據來源的廣度，有能力去關注每一個個體學生的微觀表現——他在什麼時候開始看書，在什麼樣的講課方式下效果最好，在什麼時候學習什麼科目效果最好，在不同類型的題目上停留多久等等。這些數據對其他個體都沒有意義，是高度個性化表徵的體現。同時，這些數據的產生完全是過程性的：課堂的過程，作業的過程，師生或同學的互動過程……而最有價值的是，這些數據完全是在學生不自知的情況下被觀察、收集的，只需要一定的觀測技術與設備的輔助，而不影響學生任何的日常學習與生活，因此它的採集也非常的自然、真實。

在大數據的支持下，教育將呈現另外的特徵：彈性學制、個性化輔導、社區和家庭學習……大數據支撐下的教育，就是要根據每個人的特點，解放每個人本來就有的學習能力和天分。大數據使得個性化教育成為可能，真正的「因材施教」時代將不再遙遠。

不難想像，這種智慧化學習平台將會帶來革命性影響。

學校，曾經是最重要的教育資源，好的學校更是稀少的資源。由於這種智慧型學習平台的普及，在不久的將來，名校將人人可上，也就是說，對中國這種教育資源還相對匱乏的國家來說，如果應對得當，資源匱乏的問題可以很快得到緩解。此外，這種智慧型學習平台的出現，也將給整個教育行業帶來衝擊和挑戰，名牌大學的品牌無疑會更加突出、更受追捧，普通大學的發展空間會受到什麼影響？它們會不會衰減？如果不會，又該如何吸引學生？既然最好的影音資源可以免費獲得，教師的角色又需不需要調整？如何調整？這些問題，都是需要思考和面對的挑戰。

註①：

參考《中國企業家》雜誌趙輝的文章《1 號店全周期掘金》，

網址：http://www.iceo.com.cn/com2013/2013/1028/272029.shtml.

第八章　平台思維

- 平台是互聯網時代的驅動力。
- 平台戰略的精髓，就是構建多方共贏的平台生態圈。
- 善用現有平台。
- 讓企業成為員工的平台。

法則 17　建構多方共贏的平台生態圈

法則 18　善用現有平台

法則 19　把企業打造成員工的平台

第一節
平台是互聯網時代的驅動力

「傳統企業的驅動力如美國的企業史學者錢德勒（Alfred D Chandler, Jr.）所說的，就是規模經濟和範圍經濟。規模經濟是什麼？就是做到最大；範圍經濟是什麼呢？就是做到最廣，就是做大做強。但是互聯網時代的驅動力不是這個驅動力，它的驅動力就是平台。海爾希望把所有的家電都變成互聯網的終端，連起來以後，變成一個智慧家庭。這個要做的話，當然也需要融合很多資源，我希望都是以一種平台的方式來運作。我們不再想把海爾做成一個企業，而是變成一個創業的平台，海爾這個平台上可能會有很多小企業，它們成為自主經營體，每個自主經營體和其他組織聯合，變成一個利益共同體。」

這是 2013 年 12 月阿里集團與海爾戰略合作之後，海爾集團 CEO 張瑞敏的感言。在 2014 年海爾集團互聯網創新交互大會上，張瑞敏又提出了**「企業平台化、用戶個性化、員工創客化」**三個概念。「企業平台化」即外部平台化，指的是商業模式層面；「員工創客化」即內部平台化，指的是組織管理層面。

就商業模式而言，平台型公司正在大行其道。淘寶、百度、蘋果、京東……大企業們都在以平台模式橫行各個產業，全球 500 強裡的前 100 強企業，有 60% 都是平台型企業。

那麼什麼是平台呢？其實並沒有標準答案。我們認為，**平台是指在平等的基礎上，由多主體共建的、資源共享、能夠實現共贏的、開放的一種商業生態系統。**

這裡面實際強調了五個詞：共建、共享、共贏、開放和平等。

一.共建

所謂共建強調三個關鍵點：

（1）**多主體**。平台必須是多主體參與的組織或系統，單一的主體不能構建起平台；每一個主體是一股能量，將這些能量組織起來形成一個新的系統，主體愈多能量愈大。這種能量的聚集能力，就是平台的競爭力所在。

（2）**自組織**。平台應是一個開放的大家集體建設的自組織生態系統；平台型組織的參與者有時候不一定是有意識的參與，而是無意識的參與，你是為自己的利益在做事情。這種無意識的、自利的行為形成一種天然的自組織。用一次搜尋，你就參與了 Google 的大數據收集，因為你的每次點擊就是一個數據來源。

（3）**共建機制**。共建機制中最重要的一個要點是開放的共建平台。我們回顧手機的發展史，Nokia 之所以衰敗的核心原因與其說是平台的失利，不如說是因為平台的開放和共建機制的失利。今天的手機市場已經不是品牌之戰，而是系統平台的戰爭：Mac OS（蘋果的）、Android（安卓）、symbian（塞班，主要是 Nokia）、Windows Mobile（WM）。

二.共享

所謂共享，就是對於生產資料、資產及資本的共同開發和使用。平台思維的共享有兩個特點：

（1）**互動性**。無論是從互聯網還是從大數據的角度，共享一定是雙向的、互動的才能創造價值。Facebook、微信這樣的產品，它們最大的特點是多向互動，任何人跟任何群體之間，都可以在瞬間發生多向的互動。共享強調的重點就是雙向互動的正循環，雙方都為對方貢獻了數據價值。平台設計中缺乏這種雙向、互利的正循環的話，就很難運作起來。

（2）**共用平台**。在互聯網中經常出現開放源代碼的詞彙，開放源代碼就是一種共享機制。開放源代碼協作是一條能夠透過相互協作孕育重大創新的途徑，之所以有這個詞彙實際便是來自共用平台、使用平台的技術。另外一種共用平台，便是雲端技術服務，如雲端存儲、雲計算等。這種平台未來會像電網和通信一樣成為社會的基礎設施。

三 . 共贏

平台模式最有趣的地方在於，不僅其商業模式千變萬化，連盈利的方式也逐步走向多元化，但無論如何轉變，生態型平台企業盈利趨向於共贏模式。

這種共贏的邏輯可以這樣理解：**平台型企業若要盈利，平台生態圈就必須達到一定規模，而要達到一定規模就必須吸引主體參與者，那麼共贏就必須成為一個前提，因此平台的交易結構設計必須基於多方共贏的考慮。**

平台模式下的共贏需要認識「多邊性」的特徵。單邊無法構建出一個平台，搭建平台的首要工作就是定義雙邊或多邊的群體。比如淘寶、招聘網站屬於雙邊模式（供需雙方），搜尋平台屬於三邊模式（供需雙方＋廣告方）。

四 . 開放

所謂開放，平台不一定依賴互聯網，但互聯網是最佳的開放平台，有著數據庫和信息化管理方面的優勢，與互聯網結合可以最大化地擴大參與主體。

為什麼要開放？你愈開放，你跟別人的連接就愈多。在一個網狀社會，一個「個人」跟一個「企業」的價值，是由連接點的廣度跟厚度決定的。你的連接愈廣、連接愈厚，你的價值愈大，這也是純信息社會的基本特徵，是由你的信息含量決定你的價值。所以開放變成一種生存的必要，你不開放，你就沒有辦法去獲得更多的連接。

五.平等

開放平台必須是一個平等的平台。對於傳統商業來說，通路（渠道）管控是一貫的思維。但是互聯網思維不是這樣的，這是由技術決定的，就像生產力決定生產關係。一個網狀結構的互聯網，是沒有中心節點的，它不是一個層級結構，雖然不同的點有不同的權重，但沒有一個點是絕對的權威。所以互聯網的技術結構決定了它內在的精神，是去中心化、是分布式、是平等、是互動。平等是互聯網非常重要的基本原則。

平等合作的本質是平台商與平台合作者之間，彼此都要遵循契約精神，在產品的開發、市場的推廣、客戶的服務中，雙方需平等協商、溝通解決，而非一方對一方的支配。所以說，開放平台建設需要先解決的是「老大思維」，不能有「我的地盤我做主」的想法。

第二節
法則 17 ——建構多方共贏的平台生態圈

最高階的平台之爭，一定是生態圈之間的競爭

價值網路的最高形態是商業生態系統。未來商業競爭不再只是企業與企業之間的肉搏，而是平台與平台的競爭，甚至是生態圈與生態圈之間的戰爭，單一的平台是不具備系統性競爭力的。BAT（百度、阿里、騰訊）三大互聯網巨頭圍繞搜尋、電商、社交各自構築了強大的產業生態，像 360 這樣的後來者也很難去撼動三巨頭的地位。

平台模式的精髓，在於打造一個多主體共贏互利的生態圈。

按照馬雲所說，阿里巴巴其實就四塊主要業務，第一塊是阿里巴巴電子商務，包括 B2B 業務、淘寶、天貓；第二塊是阿里金融；第三塊，現在放在阿里巴巴裡面，是數據業務；第四塊是在外面一起做的物流體系，這四個業務模塊，每一個都是一類平台，各個平台相生互動，又形成了一個龐大的電子商務生態。阿里巴巴就是在營運一個生態系統，首先做的是底層的基礎設施：信用體系、支付體系、交易體系、物流體系。

而後起之秀小米也正在「軟體＋硬體＋互聯網」的「鐵人三項」指導下構建著自身的平台和生態系統。

構建平台是一種戰略選擇，構建平台生態圈更是大戰略布局。從構建平台到成就一個平台生態圈，需要一個循序漸進的動態過程。

「平台生態圈」不單是構建起一個平台，而是以某個平台為基礎，營造出「為支撐平台活動而提供眾多服務」的大系統。

不僅互聯網企業如此，傳統商業亦然。比如，「萬達廣場」就是一個平台生態圈。如果只是建設一片集住宅和購物中心為一體的樓房，讓住戶與商

家可以很便利地交易的話，萬達也只是一個平台。但是，萬達除了提供這樣的地產平台外，還透過聯合招商控制著入駐萬達購物中心的商家品質和品牌檔次，這樣就營造了一種較高檔的都市生態圈，並且因此提升了整個平台的定位，使得平台上的另一方——住戶得到了更好的生活體驗，自然住宅地產就可以銷售得更好了。同時萬達廣場通常選在繁華的市區，入駐的商家在面對更優質的住戶和更優質的購物中心環境時，自然有更好的營業收益和經營體驗。

羅馬不是一天造成的，平台生態圈也如此。因為羅馬和平台生態圈同樣是由多種多樣、錯綜交織的服務體系組成的大系統。

由於人類有群居和安全的需求，生態圈最早建立在用圍牆圈起來的城市上，我們管它們叫「羅馬」、「京城」、「×× 生態城」等；由於人們有日常消費購物的需求，生態圈建立在特殊設計的大賣場或購物中心上，我們管它們叫 「沃爾瑪」、「萬達」；由於工業標準化生產方式的發展和信息處理與交通的需求爆量，後來這個系統也可以建立在某個硬體廠商上，我們管它們叫「IBM」、「福特」、「豐田」等；由於信息技術的發展和多種功能軟體應用的需求爆量，這個系統也可以建立在軟體公司上，我們管它們叫「微軟」、「Linux」、「Android」等；由於互聯網的發展和比價、社交、便利等需求的爆量，這個系統可以建立在互聯網公司的伺服器上，我們管它們叫「阿里巴巴」、「騰訊」、「淘寶」、「京東商城」、「Google」、「亞馬遜」等。

可見，平台生態圈正在隨著信息技術的發展，從實物狀態向虛擬狀態演進。但不變的是，**所有的平台生態圈都是建立在「更好地滿足當前時代的多方需求」的基礎之上**。

誰更能把握當前時代的利益相關各方的需求以及需求發展趨勢，誰就能設計出更好的平台；誰能抓住有更大價值的多方需求，誰的平台就更有現實價值，並有機會逐步打造成更有價值的平台生態圈。

張瑞敏：建立一個生生不息的系統

從 1984 年創立至今，海爾一直在進行「流程再造」和商業模式變革。創新成為海爾的一個標籤。海爾探索實施的「OEC」（註①）管理模式、「市場鏈」管理及「人單合一」發展模式都引起了國內外管理界的關注。

在海爾集團內部例會上，張瑞敏說，海爾要加速推進「人單合一」的模式創新，最終建立起一個平台型企業。他解釋，平台型企業就是快速配置資源的一個生態圈，這是一個生生不息的系統。

2013 年 12 月 6 日，海爾與阿里巴巴達成戰略合作，張瑞敏跟馬雲說了一段耐人尋味的話。他說，百年企業都是在自殺和他殺當中選擇了自殺，都是自殺了若干次之後才能成為百年企業，否則早被他殺掉了。萬事萬物沒有不滅的，但問題是你怎麼延續它，你怎麼來自我顛覆。

目前，海爾探索建立一個適應互聯網時代的生態系統。張瑞敏說，這個生態圈建設的目標有四個字，即「生生不息」，生生不息，絕不是只生不死，任何生態圈都不能保證裡面的物種可以長生不老。生生不息指的是整個生態圈，而不是哪一個具體的物種，生態圈裡的物種自有適者生存的機制驅動。

現在傳統企業、傳統經濟已經到了山窮水盡的境地，雖然到了「水窮處」，但互聯網這個「雲」起來了，這是契機。信息技術時代的原動力是平台，平台顛覆了規模和範圍。張瑞敏說：「我們的模式推進需要兩個層面的顛覆，從企業層面看，要從過去的層級式顛覆成平台，而表現在利益共同體層面，就是要成為演進生態圈。」

如何構建平台生態圈

那麼，在互聯網時代，對於平台型企業，應該如何構建自己的平台生態圈？不妨從下面四個步驟來考慮。

一 . 找到價值點，實現立足

把持住諸多價值鏈有共性的一個環節，做到相對高效，為一個或多個價值鏈提供更多價值，就可以此為基礎，建立一個平台。具體實例見表 8-1。

表 8-1 找到價值點，實現立足

步驟	百度	阿里巴巴	騰訊
第一步：找到價值點，實現立足	2000 年 1 月創立，以自身的核心技術「超鏈分析」為基礎，建立了搜尋服務。 2001 年 8 月之前，為新浪、搜狐、TOM 等各大中文網站提供搜尋服務。 2001 年 8 月，從後台服務轉向獨立提供搜尋服務，在中國首創競價排名商業模式。 2001 年 10 月，正式發布 Baidu 搜尋引擎。標誌著百度建立了以搜尋服務為核心，以競價商家為付費方，以免費搜尋信息的用戶為被補貼方的平台。	1998 年 12 月，阿里巴巴 B2B 網上貿易平台上線，讓中小企業透過互聯網尋求潛在貿易夥伴，並且彼此溝通和達成交易。 阿里巴巴上線，整合了眾多中小企業價值鏈中行銷的關鍵環節，形成了一個更高效的供給與需求信息溝通網路信息平台。	1998 年 11 月，騰訊公司成立。當時公司的業務是拓展無線網路尋呼系統，為尋呼台建立網上尋呼系統。 1999 年 2 月，騰訊正式推出第一個即時通信軟體——OICQ，後改名為 QQ。 騰訊 QQ 作為一種即時通訊軟體，搭建了一個網路上個人對個人的免費即時信息交流平台。

表 8-2 建立核心優勢，擴展平台

步驟	百度	阿里巴巴	騰訊
第二步：建立核心優勢，擴展平台	2002 年 6 月，正式推出 IE 搜尋伴侶。 2002 年 12 月，康佳、聯想、可口可樂等知名企業成為百度競價排名客戶。 2003 年 2 月，推出常用搜尋功能，方便用戶使用。 2003 年 6 月，推出中文搜尋風雲榜。 2003 年 7 月，推出新聞和圖片兩大技術化搜尋引擎。 2003 年 12 月，陸續推出地區搜尋、「貼吧」等劃時代功能，搜尋引擎步入社區化時代；同時發布的還有高級搜尋、時間搜尋、新聞提醒三個功能。 基於搜尋平台的多重核心優勢，百度無論在用戶規模的擴張上，搜尋功能的擴張上，還是合作夥伴的擴張上都實現了快速發展，實現了平台的更大價值。	1999 年成立之初，透過免費方式吸引第一批用戶，並堅持免費 3 年。 2000 年 10 月，公司為更佳促進中國賣家進行出口貿易，推出「中國供應商」服務。 同年，阿里巴巴舉辦首屆西湖論劍活動，聚集了商人、政府官員和行業領袖，討論所有相關者共同合作進一步發展互聯網行業和電子商務的方法。 2001 年 6 月，公司為能提供國際賣家更優質的服務，推出國際站「誠信通」會員。年底，阿里巴巴成為全球首個會員數過百萬的 B2B 網站。 阿里巴巴正是基於不斷優化的平台系統、品牌影響力和強大行銷管理系統，使平台會員數量不斷壯大，最終在突破臨界點後，實現了平台的價值。	2001 年 2 月，騰訊 QQ 同時在線用戶成功突破 100 萬大關，註冊用戶數增至 5000 萬。 2002 年 3 月，QQ 註冊用戶數突破 1 億大關。 2002 年 10 ～ 12 月，首屆「Q 人類 Q 生活」QQ 之星選拔賽的成功舉辦，進一步將 QQ 形象融入現代年輕人的生活當中。 騰訊 QQ 的發展不僅源於免費的服務，還有簡約的用戶介面帶來的用戶使用習慣的養成，同時又引發了用戶間的口碑傳播，加上騰訊公司透過各種活動推波助瀾，最終形成了品牌優勢。 有如此巨大的用戶數，騰訊 QQ 的廣告價值凸顯，盈利自不必多說，也為騰訊平台的多元化擴張奠定了堅實基礎。

二、建立核心優勢，擴展平台

在平台的基礎上，建立起如技術、品牌、管理系統、數據、用戶習慣等自己容易複製、別人很難超越，邊際成本極低或幾乎為零的無形資產優勢，才能增加平台的可擴展性。在網路效應的推動之下，將平台迅速做大，以實現更大的平台價值。具體實例見左頁圖表 8-2。

三、衍生更多服務，構建生態圈

在建立起的平台上，為價值鏈上的更多環節，構建更多高效的輔助服務，能增強平台黏性和競爭壁壘，最終可形成平台生態圈。具體實例見表 8-3。

表 8-3 衍生更多服務，構建生態圈

步驟	百度	阿里巴巴	騰訊
第三步：衍生更多服務，構建生態圈	2004 年 8 月，收購好 123 網址之家。 2004 年 9 月，推出文檔搜尋功能。 2005 年 2 月，發布支持中英文的硬碟搜尋工具。 2005 年 6 月，推出名為「百度知道」的網上問答服務。 2005 年 11 月，百度百科正式版上線。 2006 年 7 月，正式發布新產品「百度空間」。 2006 年 11 月，推出新產品「搜藏」。	2003 年 5 月，成立淘寶網，業務跨越 C2C 和 B2C 兩大部分。 2004 年 12 月，支付寶獨立出來，作為獨立支付平台，向用戶提供付款、提現、收款、轉帳、擔保交易、生活繳費、理財產品等基本服務，相當於「電子錢包」的功能。 2008 年 4 月，創立天貓，是中國領先的平台式 B2C 購物網站，於 2011 年 6 月獨立營運。	2003 年 8 月，推出「QQ 遊戲」再度引領互聯網娛樂體驗。 2003 年 9 月，QQ 用戶註冊數升到 2 億。9 月同時推出企業級即時通信產品「騰訊通」（RTX）。 2004 年 10 月，騰訊網被評為中國「市值最大 5 佳網站」之一，已經躋身中國的強勢門戶，成為中國最具影響力的入口網站之一。 2006 年 11 月，推出超級旋風。

表 8-3（續前頁）

步驟	百度	阿里巴巴	騰訊
第三步：衍生更多服務，構建生態圈	2007 年 7 月，滾石唱片與百度聯合宣布，雙方全面戰略合作。 2007 年 9 月，遊戲頻道上線。 2008 年 1 月，百度娛樂正式上線。 2008 年 2 月，兼具免費掃毒、系統安全檢測、系統漏洞修復、惡意軟體清理等多項功能的百度安全中心正式上線。 2009 年 12 月，百度全面啟用搜尋行銷專業版（即鳳巢系統）。 2010 年 1 月，百度首頁改版，新增「地圖」、「百科」鏈接。 2010 年 9 月，百度輸入法正式上線發布。 2011 年 4 月，百度旅遊正式上線。 2011 年 6 月，百度音樂正式上線。	2010 年 3 月，上線聚划算，作為淘寶網旗下的團購平台，主推網路商品團購。 一淘網，是淘寶網推出的一個全新的服務體驗，為的是解決用戶購前和購後遇到的種種問題，能夠為用戶提供購買決策，方便其更快找到物美價廉的商品。 2010 年 4 月，創立全球速賣通，是全球領先的消費者電子商務平台之一，集結不同的小企業賣家提供多種價格實惠的產品。 透過各種業務的逐步建立，阿里巴巴已經發展成為集國內和國際 B2B 電子商務、B2C 電子商務、C2C 電子商務、電子商務支付系統、電子商務比價系統、商品信息搜尋、團購等多種圍繞電子商務平台建立起來的多元化平台生態圈。	2006 年 12 月，推出 QQ 醫生。QQ 醫生是騰訊公司開發的一款免費安全軟體。 2007 年 7 月，推出 QQ 日曆。 2007 年 11 月，推出 QQ 拼音輸入法。 2008 年騰訊用戶達 4.3 億。 2011 年 1 月，推出一個為智慧手機提供即時通訊服務的免費應用程序：微信。很快微信成為騰訊公司又一十分具有影響力的產品。 騰訊的媒體平台包括：騰訊網、QQ 彈窗微門戶、微信公眾平台、騰訊微博、QZone、QQ 郵箱、微信新聞插件、騰訊新聞客戶端。涵蓋了新聞入口、BBS、郵箱、微博、社交、手機閱讀等全部媒體形態。

（1）百度的生態圈

百度基於搜尋平台的技術資源、用戶資源、品牌資源，為大眾用戶開發出遊戲、音樂、旅遊、影音、地圖、百科、輸入法等多種免費服務。同時，在每一種免費服務背後，都存在為之付費的另一方。而之所以有付費方，則是由於百度平台帶來的基於不同付費方的價值，如對商家的行銷價值、對玩家的娛樂價值等。豐富的平台功能，使百度與人們的生活產生了千絲萬縷的聯繫，你可以不用百度搜尋，但你要用百度聽音樂，或者用百度找公車路線，或者用百度輸入法，或者用百度文庫找資料。只要你用了一種百度服務，你就成了百度用戶，你的行為將變成百度的數據被記錄下來，除了支持百度透過數據分析做精準行銷外，還有可能在未來將你吸引到百度的其他服務之中。

平台生態圈的每種服務都是一個入口，將用戶引入之後，再影響其使用更多服務，最終形成對平台生態圈的依賴。如此，百度平台生態圈的建立，讓人們牢牢地黏在百度的平台上，而使其他意欲挑戰其單一平台服務的競爭對手，難有勝算可言。

（2）阿里巴巴的生態圈

透過各種業務的逐步建立，阿里巴巴已經發展成為集國內和國際 B2B 電子商務、B2C 電子商務、C2C 電子商務、電子商務支付系統、電子商務比價系統、商品信息搜尋、團購等多種圍繞電子商務平台建立起來的多元化平台生態圈。在打造誠信、安全的電子商務生態環境過程中，培育出了滿足各種交易類型的網上交易平台生態系統。

阿里巴巴的多種平台共同形成的電子商務生態圈已經深入人們的日常生活，你不得不承認，它改變了人們的消費習慣。

（3）騰訊的生態圈

騰訊覆蓋的用戶數：QQ 累計用戶數 20.44 億、微信 6.5 億、QQ 郵箱 2.74 億、Qzone 6.26 億空間用戶、騰訊微博 2.2 億、騰訊新聞客戶端 1.5 億。騰訊產品和服務多達 305 款，涵蓋通信、社交、遊戲、新聞、購物、支付、金融、安全、搜尋、生活服務等幾乎所有領域。

如此龐大的生態圈，難怪騰訊敢稱自己的七大業務系統，初步形成了「一站式」線上生活的戰略布局。什麼是一站式線上生活？那就是，只要你上線，無論你想做什麼，找騰訊就可以了。騰訊要打造的平台就是一個讓你時刻需要的線上生態系統。如果這時你回想起十幾年前，那個「嗶嗶」叫的小企鵝，如今何以成長為如此龐然大物，你有什麼感覺？

透過即時通信平台，不斷對用戶需求進行細分和滿足，讓用戶愈來愈離不開，一個生態系統由此建成，可謂是「得用戶者得天下」最好的解釋。

四、平台戰略升級，鞏固生態圈

平台生態系統的價值隨著產業的發展而變化。將平台生態系統的功能向未來更有價值的價值鏈環節進行戰略性轉移和傾斜，是保持和增強平台生態系統基業長青的關鍵。具體實例見表 8-4。

表 8-4 平台戰略升級，鞏固生態圈

步驟	百度	阿里巴巴	騰訊
第四步：平台戰略升級，鞏固生態圈	2012 年 3 月，正式發布百度雲戰略。推出百度開發者中心並建立開發服務、營運服務、通路（渠道）推廣以及變現四大服務體系。 同時，還發布了個人雲存儲、行動雲測試中心等面向開發者的一系列新產品與服務。	2004 年，阿里研發中心成立。 2007 年，阿里巴巴軟體公司在上海註冊成立，進軍企業商務軟體領域。 2009 年 9 月，阿里巴巴集團宣布成立「阿里雲」，目標是打造以數據為中心的先進雲端計算服務平台。	2010 年 8 月，完全收購 Discuz 。 2011 年 1 月，推出微信。很快微信成為騰訊公司又一十分具有影響力的產品。 2011 年 1 月，收購「同程網」30% 股權。 2011 年 5 月，收購 16%「藝龍」股權。

表 8-4（續前頁）

步驟	百度	阿里巴巴	騰訊
第四步：平台戰略升級，鞏固生態圈	2012 年 9 月，推出個人雲服務，滿足用戶工作生活各類需求。 2012 年 10 月，成立 LBS 事業部，全面負責百度地圖 PC 和行動互聯網端的技術研發、產品升級、商業拓展等相關業務。 2013 年 5 月，收購 PPS 影音業務，並將 PPS 影音業務與愛奇藝進行合併，PPS 將做為愛奇藝的子品牌營運。 2013 年 7 月，和英特爾聯合建立行動測試中心，為廣大的行動開發者提供完全免費的行動應用測試和移植服務。 2013 年 8 月，收購 91 無線網路有限公司 100% 股權。	2010 年 6 月，阿里巴巴小額貸款公司宣告成立。 2012 年 3 月，阿里雲新一代手機工程機對外曝光。 2012 年 8 月，阿里資本投資 4000 萬美元於「陌陌」，B 輪融資估值 2 億美元。 2012 年 9 月，成立眾安在線產險公司。 2013 年 1 月，除支付寶、阿里金融、阿里雲等業務外，整個集團被分為 25 個事業部。 2013 年 4 月，戰略投資新浪微博。 2013 年 5 月，推出菜鳥網路。 2013 年 11 月，抽調集團內各領域優秀員工支持無線事業部的發展。發展「來往」、「微淘」等產品。	2011 年 6 月，投資「柯蘭鑽石」。 2011 年 7 月，收購「金山軟體」15.68% 股權。 2012 年 5 月，完成控股「易訊」。 2012 年 5 月，戰略投資「買賣寶科技」。 2012 年 5 月，為順應用戶需求以及推動業務發展，進行組織架構調整。 2012 年 8 月，合資成立眾安保險公司。 2013 年 9 月，戰略投資搜狗。騰訊在中國互聯網領域就擁有了最優質的 IM 工具、遊戲、媒體、垂直電商、社交網路。

（1）百度的戰略升級

隨著雲計算、大數據、行動互聯網、手機遊戲產業的發展，百度面臨著將自身平台生態圈進行戰略轉型和升級的挑戰。在近兩年百度的一系列動作中，我們不難發現，百度的雲戰略在利用已有的技術、品牌、用戶等優勢，建設開放的雲平台，並藉此鞏固自己在大數據領域的地位，為大數據存儲、挖掘、應用做好戰略布局。而且百度的LBS、影音、遊戲、行動APP測試和分發平台等業務的發展，也是為了更好地布局行動互聯網和手機娛樂市場。

信息產業的疾速發展，讓百度這樣的巨頭都無暇僅靠自身能力開發新業務，而是透過借力國際巨頭，或靠併購其他公司的形式來完成自身的戰略布局。可想而知，對於平台生態圈的戰略升級，需要何等的機動和投入。鞏固平台生態圈和鞏固其他產業形態一樣，需要時時關注產業趨勢，關心用戶需求變化，時時優化生態圈，做到未雨綢繆。

（2）阿里巴巴的戰略升級

在電子商務的生態系統裡，永遠離不開信息流、資金流和物流。依此去分析馬雲提出的「平台、數據、金融」的戰略，我們不難發現：阿里無線是布局行動互聯網，爭取在行動互聯網時代能更好地打造信息流平台；基於阿里信息流平台的大數據而發展起來的阿里金融是在完善資金流平台；而基於「天網」和「菜鳥網路」的布局，是為了完善物流平台。能如此布局電子商務生態圈的非阿里巴巴不可，非馬雲不可。此外，如此布局還需要巨大的資本支撐，那麼阿里巴巴在資本市場的巨大動作就可想而知，還是為了配合阿里巴巴電子商務生態圈的戰略升級。

（3）騰訊的戰略升級

2012年的組織調整之後，騰訊從原有的業務系統制（Business Units，BUs）升級為事業群制（Business Groups，BGs），重新劃分成企業發展事業群（CDG）、互動娛樂事業群（IEG）、行動互聯網事業群（MIG）、網路媒體事業群（OMG）、社交網路事業群（SNG），整合原有的研發和營運平台，成立新的技術工程事業群（TEG），並成立騰訊電商控股公司（ECC）

專注營運電子商務業務。

從調整方案來看，騰訊將重點布局社交、遊戲、網媒、無線、電商和搜尋六大業務，強化平台戰略。可以看出在騰訊的長期戰略布局中，一個完整的平台矩陣已初具雛形。這個平台矩陣涵蓋了騰訊已經投入了相當一段時間的幾大互聯網領域，同時為未來發展和變化預留出足夠的空間。

基於不同的平台基礎，培育出不同的生態圈，同時也有不同生態圈的戰略升級方向。騰訊做為以即時通信工具為平台，大量聚集了數以億計用戶的平台，其平台模式的核心不在於技術，而是在於對用戶心理需求的準確把握。因為 QQ，騰訊搶占了 PC 時代的用戶心理高地；因為微信，騰訊搶占了智慧手機時代的用戶心理高地。對於騰訊來講，這就是最大的戰略布局。而金融上的試水，無非是一種戰略上的嘗試罷了。

騰訊深知，坐擁巨量用戶才是自己的戰略優勢，然而，如果要實現巨量用戶的價值，需要更多的技術資源和更多的平台資源，因此，選擇資本運作，依靠巨量用戶建立的談判優勢，透過併購收購的方式進行戰略布局，便成為騰訊樂此不疲的升級方式。

當然，筆者參加完騰訊 2013 年合作夥伴大會，也看到騰訊正在走向開放，走向合作，可能這也是騰訊在探索的另一條對平台生態圈進行戰略升級的道路吧。我們拭目以待！

註 ① OEC（Overall Every Control and Clear）：為全方位優化管理法，是海爾集團於 1989 年創造的企業管理法。

第三節
法則 18——善用現有平台

平台與否，順勢而為

百度創辦於 2001 年，阿里巴巴和騰訊更早，創辦於 1998 年。在那個年代，有幾個中國人聽說過互聯網？更不要說利用互聯網來搜信息、搜圖片、採購商品和即時聊天了。可以說 2000 年前後的中國互聯網是個藍海大市場。BAT 們在創業之初，承受著網路泡沫的洗禮，耗費巨資，用了十幾年的時間，才構建起如此龐大的平台生態圈，可謂走遍千山萬水，歷盡千辛萬苦，終成正果。

BAT 們的堅苦卓絕自不必細說，就算是近期在海外上市的「58 同城」和「汽車之家」，也是歷經 8 年多的艱苦奮鬥，才形成如今之勢。

如果考慮到互聯網產業自身的發展，造成了上述這些平台成長周期過長的話，我們可以看看近兩年發展迅速的微信平台又將如何？在騰訊的強大平台生態系統上成長起來，先天優勢無人可比，但儘管如此，也尚需幾年時間，不斷創新升級，同時面臨「米聊」、「陌陌」、「易信」、「來往」等強大的競爭對手，過關斬將，最後才能形成當前的局面，甚至將來勝負成敗、盈利與否，尚不可知。

平台不是一天建成的，平台生態圈更不是一天建成的，需要天時、地利、人和等多重因素。成功的平台我們看到了，失敗的平台我們看不到。早已銷聲匿跡的電商平台「8848」、紅火一時的返利平台「P.CN」和服裝平台「PPG」，都只是曇花一現，甚至還未及開放，便草草收場。可以肯定的是，成功的平台必是鳳毛麟角。

現在互聯網的發展趨勢，愈來愈向開放、社交、整合發展，互聯網創業者在面臨Google、騰訊、百度、阿里等巨頭公司時，如何找到自己的立足之地呢？想要與這些巨頭抗爭，似乎比較困難，但是可以好好思考如何利用這些平台，利用現有平台成功的案例也有很多。

對於創業者來講，與其要做一個平台，不如做一個平台之上的內容提供商，一家個性化的公司。創業者一開始不要想著做一個什麼樣的平台，所有的平台企業最初都是從滿足一個點的需求出發的，先解決一部分人的需求，讓自己成為這個領域的專家和權威，成為這個領域最好的公司。然後在你慢慢發展的過程中，你發現客戶的需求量愈來愈大，愈來愈多的客戶來使用你的產品，透過你的產品或服務解決他們生活中存在的一些問題，這個時候你會逐漸地走向平台之路，但是在這個過程中始終沒有改變的是你對於用戶需求的了解和滿足；你對於用戶體驗的極致追求，這樣你最後才有可能真正成為一個平台型企業。

因此，筆者不建議現在的創業者或中小企業在實力不足時，就想著建平台。反而要建議大家首先研究各個平台、研究用戶需求，在現有平台上個性化地去滿足用戶的需求。在不斷優化服務並贏得用戶的過程中，獲得充裕的現金流，培養和磨練團隊，更加深入地認知用戶需求，再探索向平台演進的發展之路。

北京「醋溜科技公司」便是善用平台獲得成功的典範。

醋溜科技公司在經歷7年的創業後，2012年已經成為騰訊金牌合作夥伴。其旗下的「歡樂淘」是一款專注於女性用品的導購類應用，目前在騰訊開放平台上的日用戶活躍度已達80萬，而上線不久的兩款行動端APP歡樂淘，在iOS和Android平台上合計商品點擊數超過160萬。

「歡樂淘」定位為年輕人提供時尚、文化、娛樂等領域的互聯網應用產品與內容服務，和所謂的「第一代導購類先驅」不同，其產品模式只有十個。

「限量推薦」是其開發過程中一個被反覆驗證的模式。就像用戶在騰訊平台上天天分享的十張圖、十句話、十件糗事、十個笑話、十大星座等，都來自於醋溜科技公司的團隊之手。

他們研究發現瀏覽用戶中18～24歲的女性占70～80%。於是，「歡樂淘」鎖定了三、四線城市年輕女性和大學生族群進行主力推廣。這兩個族群對商品價格較為敏感，屬於QQ空間上活躍度最高的族群，所以選擇在QQ空間的開放平台開發應用，一舉獲得了巨大流量。

小米公司創始人雷軍的理念是「順勢而為」。創業如此，做平台更是如此。

對於企業家來說，面臨BAT等巨大的平台生態圈包圍，是悲哀，同時也是機遇。正是它們的迅猛發展所帶動起來的互聯網趨勢，成為了創業者、傳統企業可以借力的勢。借平台之勢、善用平台之便，成就一方事業，再升級和複製這樣的成功模式，也能成就一番大事業。正所謂識時務者為俊傑，順勢而為成大業，當你看到海爾電器獲利阿里巴巴投資時，你應該釋懷，同時更應該發現其中的機遇。

傳統企業「觸網」，慎做平台

很多傳統企業面對轟轟烈烈的行動化浪潮時，紛紛花錢找人開發企業App，不管放什麼內容先做一個再說。估計是看到星巴克、ZARA之類企業傳播的軟文了，自己不搞一個App生怕被別人笑話，要麼就是頭腦發熱被人唬弄了。不是不能搞，而是想明白為什麼搞。如果花大力氣做出來一個精美的App，流量從哪裡來？用戶黏性怎麼提高？活躍度怎麼提升？

如果你做了App，讓用戶去應用商店搜尋，再輸入密碼，然後再等、再下載，這是多麼困難的事情，如果沒有 Wi-Fi 的環境根本不可能實現，既燒錢，用戶體驗又不好。問一下自己的手機有多少個 App 被忽視了，一定有超過 70% 的 App 是不用的，常用的也就那麼幾個，更要命的是用戶換手機時，如果不能提供很好的價值體驗，恐怕難以被再次下載，這錢花得夠冤枉的，算不算「人傻錢多」？

所以，對於傳統企業的互聯網化，不要輕易嘗試做平台，在現有平台做好內容也是不錯的選擇。對於多數企業來講，假如要在行動互聯網中布局，首先想的不是我要做一個 App，而是琢磨一下怎麼用好微信這樣已經聚合大量用戶的現有平台。做了 App 也不代表你就進入了行動互聯網，因為你根本就沒有多少機會與用戶實現互動。

同樣的道理，傳統企業考慮網路通路（渠道）的時候，也不要總想著自建一個官方網路商城了，天貓、京東這樣的平台有很多。尤其是當你的品牌並不強勢的時候，引導流量將花去你大把的銀子，還不如思考一下，如何用好當前的各類電商平台。再比如，傳統企業 IT 化的時候，也不一定非得自己購買一個伺服器，自己弄一個機房，雲計算就是解決這個問題的。未來的雲計算就和現在的電一樣，現在還有幾個企業是自己來發電？雲計算遲早會成為基礎設施，企業沒有必要自己承擔那麼高的成本，用好現成的雲計算平台就行了。

第四節
法則 19——把企業打造成員工的平台

互聯網衝擊下的組織，將何去何從？

「羅輯思維」創辦人羅振宇說過的一段話，值得我們思考。

傳統工業是一種建立在分工與目標基礎上的組織形態，它最為重要的特徵就是管理。說得再直白一點就是控制，利用人性當中的弱點，或者人生存時必要的條件，對組織內的人進行控制。傳統工業組織更多的是高層做出決策，而中層負責控制，底層負責執行，是一種中央控制模型。而傳統組織的弱點恰恰是反應速度很慢。這種慢不是因為信息傳播速度慢而造成的，而是因為決策速度慢。它需要由底層反饋，中層傳導，高層進行決策，然後再原路返回，由底層執行。且不說信息在傳導的過程當中，可能發生變異，單是決策速度就已經慢很多拍了。

互聯網恰恰是一種無中心化組織，一種網狀的模型，沒有決策中心，而是順著態勢發展而順應做出決定。這樣反應速度無疑大大加快，當然，這對組織內部的人員要求也高很多，以至於可以出現分工的模糊化，每個人多角色協作化。所以我心中真正的互聯網公司，往往人數不是太多，並且分散成各個小團隊，單點負責，迅速決策，需要組合時，立即自由聯合，任務完成後，自動解散。他們並不依靠什麼層級管理，更沒有什麼 ERP 或者什麼 KPI，完全是一種任務驅動式的協作方式。

順著這樣的邏輯推理下去，未來的互聯網社會，應該是一種以人為網路節點、各個小社群相互鏈接的拓撲組織結構。從全域上來看，自然就是無中心化、無權威化、無固定組織形態的結構。

互聯網帶來的變革，不僅僅是行銷通路（渠道）和品牌建設方式。互聯網已經開始對人與人之間的分工和協作方式進行重構，也就是說，傳統企業的互聯網轉型，必然要同步完成組織升級和再造。

管理大師杜拉克（Peter F. Drucker）在《管理》一書中指出：「信息革命改變著人類社會，同時也改變著企業的組織和機制。」

海爾的張瑞敏曾說過：「傳統企業跟傳統媒體一樣，要改造成一個適應互聯網的機制非常困難。互聯網的衝擊不止是電商、互聯網行銷等，它還將帶來非常深層次的衝擊。我覺得衝擊到最後，整個社會都會變成自組織。」

阿里集團戰略官曾鳴在公司內部講得最多的一句話是協同，不是協調。協同是一群人用網路化的方法，自組織地朝一個目標共同努力，而不是由上而下以行政指令的方法，告訴你必須走同一條路。阿里巴巴正在朝著生態化的組織形態演進。

所謂生態化的組織形態，就是自上而下的管理會減少，而橫向之間的主動連接會更多，基於興趣、靠任務結合起來的項目和自組織的業務會愈來愈多，這跟原來金字塔結構的組織形態大不相同。

2012 年阿里巴巴拆分為「七劍」，覺得不夠；2013 年又拆為 25 個事業部，數量也還嫌少。將來如果被定義成 35 個、45 個、55 個甚至更多的事業部，或者小的業務元素，才能織成一張大網，與此相應，底下的人做決定的可能性就會愈來愈大。

阿里巴巴正從一個非常確定的世界走向一個網狀、不確定的世界；正從原來的金字塔結構變成一個更生態型的組織。傳統自上而下的組織形式，它的特點是控制、命令，管理工具是做計畫、預算。今後會慢慢變成靠激發、鼓勵、指明方向、自下而上這種方式，從所謂的整合資源變為資源聚合。阿里巴巴哪個部門如果缺人，現在很少搞集團統一調配，你有本事自己去說服別人願意跟你幹，這叫聚合資源。就像一個個風火輪，你的能力足夠大，你就會吸引更多的能力、資源，這是一種市場的力量，也是一種生態系統的力量。資源會被什麼吸引？是你做的項目是不是有意義、別人對這件事會不會感興趣，而不是行政命令。

互聯網衝擊下的組織，該何去何從？這個命題非常值得我們思考。

組織設計：從「金字塔」走向「扁平化」

在傳統企業的組織架構中，官僚式的分層管理模式最常被採納。在前者的基礎上，職能式組織結構、事業部式組織結構及矩陣式組織結構都是沿用到今的經典組織結構。

然而這種組織結構在互聯網時代遭遇了挑戰。外界環境發展太快，現場管理和臨機決斷的事宜太多，所以必須縮短決策半徑，必須扁平化。目前淘寶很多賣家在組織架構方面都採用了超級扁平化的結構，比如知名淘品牌「禦泥坊」，近 400 名員工，但組織架構就兩層，自 CEO 為首的核心管理團隊以下分為三十多個學院，但每個學院不是一個部門組織而是一個基礎的作戰單元，類似於一個特種部隊，平時獨立作戰，有重大任務時，根據需要，某幾個學院可以隨時重組為一個全新的大部門，任務結束後再解散回歸原編制。

組織和文化說到底是由我們所處的生存環境來決定的。如果後者發生變化，而組織不做出調整，那麼企業是很難生存下來的。互聯網消除信息不對稱的特性，在組織層面的表現，就是消除中層，組織變得更為扁平化，部門的概念愈來愈弱化。同時組織框架超級節點化，以發起流程的「節點」來驅動業務的進程，即「人人都是核心，人人都不是核心」，完全根據企業的需要，隨環境變化而變化。

某知名淘寶賣家，淘內交易2013年達數億元，員工近200人，但他們公司除了財務和倉儲團隊以外，卻是一家只有崗位但沒有設置任何職能部門的公司，所有業務全部都是靠虛擬團隊來驅動的。根據業務流程輕重緩急的需要，組建若干個虛擬團隊或項目團隊，每個團隊的負責人相當於特種部隊的隊長，最多的時候有十多個項目同時進行。老闆本人在所有的項目中，但並不負責一線指揮，而是扮演三種角色：監督者、協調者和評估者。

項目結束經老闆評估以後，還需要向全公司分享此次執行過程中的得與失，然後該虛擬團隊自動解散，所有參與者再自動進入到下一個節點。而老闆在此過程中透過郵件組、旺旺群（QQ群）、微信群等全程掌控項目進程，該公司自從實施這套模式以來，已經有半年時間沒有開過會了，溝通全部是利用碎片化的時間完成。

在原有的體系內，用原來的人、原來的組織形式做一件不同的事，成功的機率是很低的。絕大多數浴火重生的企業，基本上都是靠組織創新。

互聯網企業的組織架構應當靈活，不能過多層級化和固化，要以產品為中心，以項目開發組的形式整合利用企業各項資源，快速推進產品創新；以市場為導向，聚焦客戶需求和使用體驗，即時改進和完善產品和服務。互聯網思維強調開放、協作、分享，組織內部也同樣如此，所以互聯網思維指導的企業其組織形態一定是扁平化的。

【案 例】

小米公司的扁平化組織設計

扁平化是基於小米公司相信優秀的人本身就有很強的驅動力和自我管理的能力。設定管理的方式是不信任的方式，小米公司的員工都有想做最好的東西的衝動，公司有這樣的產品信仰，管理就變得簡單了。

當然，這一切都源於一個前提，成長速度。速度是最好的管理。少做事，管理扁平化，才能把事情做到極致，才能快速。

小米的組織架構沒有層級，基本上是三級：7 個核心創始人—部門領導—員工，而且不會讓團隊太大，稍微大一點就拆分成小團隊。從小米公司的辦公室布局就能看出這種組織結構：一層產品、一層行銷、一層硬體、一層電商，每層由一名創始人坐鎮，能一竿子插到底地執行。大家互不干涉，都希望能在各自分管的領域加油，一起把這件事情做好。

除 7 個創始人有職位，其他人都沒有職位，都是工程師，晉升的唯一獎勵就是加薪。不需要你考慮太多雜事和雜念，沒有什麼團隊利益，一心用在做事情上。

這樣的管理制度減少了層級之間互相彙報浪費的時間。小米公司現在有 2500 多人，除每週一的一小時公司級例會之外很少開會，也沒什麼季度總結會、半年總結會。成立 3 年多，7 個合夥人只開過三次集體大會。2012 年 815 電商大戰，從策畫、設計、開發、供應鏈僅用了不到 24 小時準備，上線後微博轉發量近 10 萬次，銷售量近 20 萬台。

雷軍的第一定位不是 CEO，而是首席產品經理。80% 的時間是參加各種產品發表會，每週定期和 MIUI、米聊、硬體和行銷部門的基層同事坐下來，舉行產品層面的討論會。很多小米公司的產品細節，就是在這樣的會議當中和相關業務一線產品經理、工程師一起討論決定的。

管理方式：讓每個人成爲自己的 CEO

當我們的員工逐漸互聯網化的時候，我們的組織還能停留在 19 ～ 20 世紀的管理方式嗎？當 90 後正式進入職場，85 後成為職場主力，我們將不得不著手於解決和適應全球範圍內最為複雜的世代衝突。就像《管理的未來》

一書所描述的一樣：當顛覆性的技術、激烈的市場競爭、分散的市場、全能的顧客、挑剔的股東對管理提出新的挑戰之時，你的企業是否還在實踐所謂的「現代管理」？是否以為只要堅守 20 世紀甚至 19 世紀誕生的這些管理理念就可以高枕無憂？如果真的是這樣，你就大錯特錯了。

在互聯網時代，「要想火車跑得快，全靠車頭帶」的火車理論，已經讓位給動車理論，動車的每一節車廂都有發動機，這樣整個列車的速度才會提升上來。對於組織來講，不能只有企業領導者做發動機，每一級組織甚至每個個人都要成為發動機。

內部平台化，對組織要求就是要變成自組織而不是他組織。他組織永遠聽命於別人，自組織是自己來創新。

阿米巴模式

阿米巴（Amoeba）在拉丁語中是單個原生體的意思，屬原生動物界變形蟲科，蟲體赤裸而柔軟，其身體可以向各個方向伸出偽足，使形體變化不定，故而得名「變形蟲」。變形蟲最大的特性是能夠隨外界環境的變化而變化，不斷地進行自我調整來適應所面臨的生存環境。

阿米巴經營是指將組織分成小的集團，透過與市場直接聯繫的獨立核算制進行營運，培養具有管理意識的主管，讓全體員工參與經營管理，從而實現「全員參與」的經營方式。

稻盛和夫創建的「京瓷公司」就是由一個個被稱 「阿米巴小組」的單位構成。與一般的日本公司一樣，京瓷也有事業本部、事業部等部、課、系、班的階層制，但與其他公司不同的是，稻盛和夫還組織了一套以阿米巴小組為單位的獨立核算體制。阿米巴指的是工廠形成的最小基層組織，也就是最小的工作單位，一個部門、一條生產線、一個班組甚至到每個員工。每人都從屬於自己的阿米巴小組，每個阿米巴小組平均由 12、13 個人組成，根據工作內容分配的不同，有的小組有 50 人左右，而有的只有 2、3 個人。每個阿米巴都是一個獨立的利潤中心，就像一個中小企業那樣活動，雖然需要經過上司的同意，但是經營計畫、實績管理、勞務管理等所有經營上的事情都由他們自行運作。每個阿米巴都集生產、會計、經營於一體，再加上各個阿米巴小組之間能夠隨意分拆與組合，這樣就能讓公司對市場的變化做出迅捷反應。

服裝行業的淘品牌「韓都衣舍」將整個公司分割成許多個被稱為阿米巴的小型組織，每個小型組織都作為一個獨立的利潤中心，按照一個小企業、小商店的方式進行獨立經營。

創新一：買手小組負責制（見圖 8—1）

韓都衣舍把韓國流行品牌的款式，按照 ZARA 的模式，快速生產、上架、銷售。整個採購團隊分為四百多個買手組，每個買手組由 3 ～ 5 個員工組成，並進行獨立核算。當員工進入買手組後，每人的初始資金使用額是 2 ～ 5 萬元人民幣，本月小組資金的使用額度是上個月銷售的 70%。公司只規定最低定價標準，具體產品定價、生產數量、何時打折、促銷價格等，基本上由小組自己決定並根據每個小組的毛利以及庫存，計算提成。小組內的提成分配由組長決定，由部門經理和分管總經理批准。6 個月內，業績排在前三名的小組，獎勵特別額度，業績連續排在後三名的小組，則解散重新分組。

創新二：內部賽馬

買手小組透過一個內部賽馬式的機制，將所有環節都計入成本核算。每個買手小組從採購就開始核算成本，包括樣衣、運費、牌照費等，準備上架時，比如一個團隊想要首頁海報圖的廣告位，各買手小組間還需要進行內部競價，價高者得。這也要計算到買手小組的成本裡，隨後才能透過工廠下單。

韓都衣舍靠一套內部承包的阿米巴經營模式，將競爭導入了營運生產的每一個環節，形成了組織架構的創新。

圖 8-1 韓都衣舍「買手小組負責制」模式

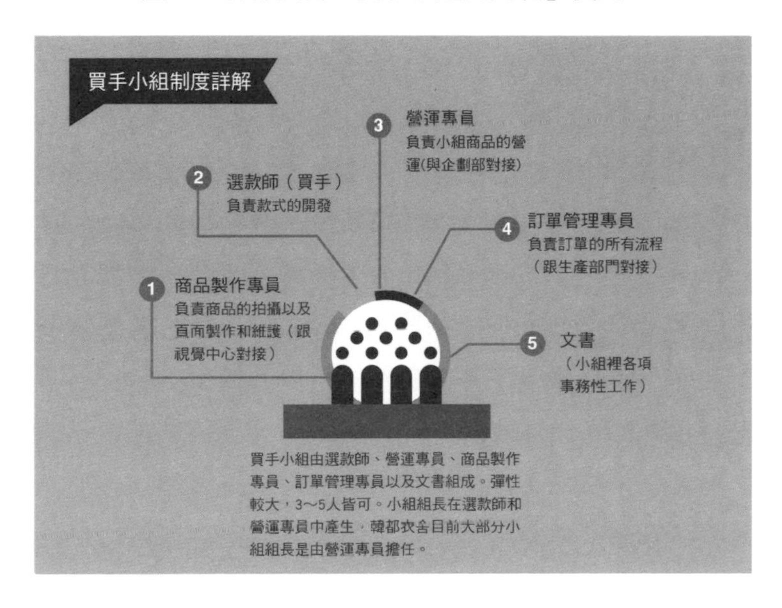

為了應對互聯網時代對組織變革的要求，海爾公司近年來一直在開展「人單合一」模式，將 8 萬多人分為 2000 多個自主經營體，讓員工成為真正的「創業者」，讓每個人都成為自己的 CEO。

這一切都是源於互聯網時代的用戶主導了企業。其實，企業和用戶之間的信息永遠是不對稱的，但是傳統企業時代信息不對稱的主導權掌握在企業手中。在傳統經濟時代，信息主動權在企業手裡，哪個企業發聲大，可以得到的用戶就多；誰的廣告厲害，誰就可以得到更多的用戶。所以，那個時候誰是中央電視台的標王誰就可以獲得更多的用戶資源。

但是在互聯網時代變過來了，現在是用戶可以知道所有企業的信息，而企業很難知道所有用戶的信息，比如我要買一張機票，我可以知道所有航空公司機票的價格，但是航空公司難以知道到我心裡想的是什麼。所以，今天企業的商業模式都要變革。

海爾對商業模式的探索主要有兩個方面：戰略和組織架構。戰略上變成了「人單合一雙贏」的模式；「人」就是員工，「單」就是員工的用戶，「雙贏」就是這個員工為用戶創造的價值以及他所應該得到的價值。在這個理論下，海爾現在的8萬多名員工一下子變成了2000多個自主經營體，一般最小的自主經營體只有7個人，把原來的金字塔模式給壓扁了。

在組織方面，變成了平台組織下的自主經營體併聯平台。過去，企業組織形式是正三角，內部員工之間的關係就是層級關係，和合作方之間是博弈關係，和用戶之間是主導與被主導的關係。現在，海爾把正三角翻過來變成一個倒三角，再往前走一步就變成了一個扁平化的網狀組織。這個網狀組織最主要的就是把原來企業的這些部門變成一個協同的關係，合作方變成一個合作的關係，用戶也參與我們的設計，變成一個真正的以海爾自經體為基本細胞的併聯平台生態圈。所謂生態圈，是指這個組織不是固定的，人員也不是固定的，是根據需求隨時改變的。

海爾把員工從原來的一個指令人和執行人，變成一個接口人，也就是說不是要你把這件事做好，而是要你去整合相關的人把這件事做好。

海爾正在努力把員工變成創業者，讓員工在海爾平台上創業。有一個員工在海爾這個平台自己掏錢註冊了一個公司，海爾給他提供平台資源，他的盈虧全是他自己負責，招聘員工他自己負責，現在他已經發展得非常快、非常好。

我們在互聯網時代的追求就是全員契約，每個人都是一個創業者。杜拉克（Peter F. Drucker）有一句話叫「在明日的信息型組織，人們絕大部分必須自我控制」。這是他在90歲的時候寫的書，他預測到信息時代必須是這樣做的。另外就是在信息化時代，企業應該讓每個人都是自己的CEO，所以，這是我們企業的一個目標，讓每個人成為自己的CEO，自主經營體就是他自主經營，自己來做。

海爾電商天貓經營體長孫勝還有另外一個身分，即海爾電商天貓小微公司的總經理。簡單來說，小微公司就是一個創業公司機制，它擁有自主的決策權、用人權、分配權，員工自主經營，他們既是海爾的員工，又是小微公司的創業者。作為第一個試點小微機制的團隊，天貓團隊業績今年同比增長400%，除正常薪水收入，還創造了可由團隊分享的盈利逾百萬元，這在海爾傳統的組織體系中是無法兌現的。

這種按單聚散的新型網路化組織，靈活且扁平化，而類似的變化也發生在經營體之間，包括海爾品牌電商、日日順物流、海爾服務、生產製造與系統流程部等多個業務部門的諸多經營體，正以網路化的架構組合在一起，形成一個利益共同體，並能夠吸引外部的資源，成為一個生態圈，最終構建為一個無邊界的開放性平台。

依靠自組織模式，海爾將每一位員工的能力發揮到極致。更生態化的組織形態，就是自上而下的管理會減少，而橫向之間的主動連接會更多，基於興趣、靠任務結合起來的項目和自組織的業務會愈來愈多。

從外部來看，互聯網時代面對市場形式的瞬息萬變，一個金字塔形的組織結構是很難實現快速反應的，這就逼迫組織必須創新，達到更加敏捷的狀態。從內部來看，互聯網時代的員工更加注重自我，尋求參與感和存在感，必須要給足相應的舞台，才能發揮最大的人力資本價值。所以，內外部的合力必然要求互聯網時代的組織發生變革，這種變革不限於傳統企業，互聯網企業亦然。騰訊、阿里巴巴最近的組織調整，就是為了應對這場變化。

決策體系：讓一線成爲引擎

在互聯網時代，用戶已經從產品價值鏈的終點，變為價值鏈的起點，成為企業生產、設計、研發的源頭。這就要求傳統企業變得更為開放、更加靈活，與消費者貼得更緊。也只有這樣，才能迅速地響應市場，強而有力地應對突然出現的挑戰者，做出即時的戰略調整與價值鏈轉型。

但是，大多數的傳統企業有了規模之後，往往患有大企業病：臃腫、官僚化、決策緩慢、部門之間彼此內耗、功臣文化盛行。

一位國內學者曾感慨：「中國企業的規模膨脹過程實際上就是一個遠離市場的過程。」在金字塔形的組織中，過多的層級，就像一層又一層的洋蔥，將領導者們包圍在組織中央。組織核心與消費者相距千里，企業決策者們對於消費者的感知蒼白，而真正與消費者接觸的一線員工，卻毫無發言權。「少數人驅動多數人，但少數人卻不了解一線市場。」

當顧客需求的碎片化與個性化到達前所未有的程度時，那些無法感知市場變化，缺乏迅速應對能力的大型企業將被淘汰。要想即時感知，洞察到市場微妙需求，迅速行動，就必須在組織結構上重心下移，將權、責、利向一線傾斜，**讓驅動企業增長的發動機從領導者和總部變為各個子部門，乃至每個員工。**

「萬科」、「華為」等企業很早就開始了**以客戶為中心的組織變革，力圖以客戶為出發點，透過流程再造來調整整個組織結構。**2010 年規模達到千億元前，萬科確立了「戰略總部、專業區域、執行一線」的新三級管控模式，將過去總部負責的設計、工程、銷售等專業管理職能逐步下放到區域中心。2012 年，萬科公司又將一部分投資決策權下放到區域，加強區域的投資決策能力，從而更快速地進行土地競標，也為萬科向 3000 億元目標邁進奠定組織基礎。如總裁郁亮所言：「區域實體化就是為了在組織結構上搭建更大的增長框架。」而在 2009 年前後，華為也開始將各個海外區域的決策權力和責任下放給海外地區的負責人。華為創辦人任正非提出了「讓一線呼喚炮火」組織模式，指出「我們進一步的改革，就是前端組織的技能要變成全能的，基層作戰單元在授權範圍內，有權力直接呼喚炮火。後方變成系統支持力量，必須即時、有效地提供支持與服務，以及分析監控。」

隨著傳統企業組織重心的下沉，後端大平台、前端小團隊的網路狀組織結構開始出現。在這樣的組織結構中，由面向市場的一線部門或人員組成若干個靈活、敏銳、創新的小團隊，它們互相協同，作為一個個節點再黏合成網狀，後面有企業的大資源平台做後盾，整個組織運作以市場需求為牽引力，形成市場呼喚一線、一線呼喚後方的連動效應。（註①）

未來的組織形態：小前端、大平台、富生態

一 . 小前端

讓聽得見炮聲的人來做決策。前端業務直接面對消費者和市場，會愈來愈多、愈來愈靈活。每個前端將不再需要搶奪什麼資源，因為市場和消費者會用腳投票，自然會辨別和篩選出對於前端的評價。

市場的一線員工和團隊，開始擁有了組織資源調度的權力與能力，他們透過自己對顧客需求的感知，探測到市場機會，跟著調動總部和職能部門等後方資源來滿足前線需求。

二 . 大平台

前端強大，特別需要功能愈來愈強大的後台支撐，才不會導致資源重複和浪費，並且獲取資源的成本最低。大平台至少具有以下作用：

（1）給前端提供源源不斷的炮彈，讓前端可以全力以赴面對競爭，進行創新和變革。

（2）大平台也會達到信息共享、協調資源整合、推動項目合作等作用。

（3）大平台還會不斷透過對小前端的人才盤點、績效評估等，進而了解全公司的人才布局和結構，與小前端一起幫助員工學習成長。在必要的時刻，可以為各種小前端調兵遣將，提供各種支援。

總部的精力正從直接管理抽出，放在打造系統平台上，後者能夠帶來整個企業強大的協同效率。如華為的高級管理顧問吳春波所說：「如果說普通企業是石墨的話，透過強大的系統平台，就能夠改變其碳元素的排列，讓組織變為金鋼石。」

三. 富生態

前面兩塊都強大起來，也特別需要出現各種各樣的生態角色來支撐：第三方開發者、跨團隊組織、專家學者等等。他們具有主體作用，也許是幫助大平台更好地服務小前端，再透過小前端更好地服務市場和消費者。

富生態意味著傳統企業需要開放企業邊界，真正將外部利益相關者納入企業生態的中心，從而形成更強大的生態競爭優勢。2008 年，海爾集團創立了「1+1+N」組織模式，「外 1」是外部專家，「內 1」是原來的內部幹部，「N」是員工團隊，集團高薪聘請了國際著名諮詢公司的成員擔任集團、部門、各本部的助理，為海爾國際化擔任智囊。

利益機制：肯定人的價值

傳統企業更多的是用「產值」來評估價值，互聯網企業多是用「估值」來評估價值，這兩者有什麼區別呢？在產值時代，企業管理者更注重短期利益，往往是「利潤導向」，企業很多的經營思路都是圍繞著如何提高利潤進行。而在估值時代，企業管理者不得不去考慮長期利益，長期利益要求企業的各項經營決策必須圍繞如何給用戶創造更好的價值展開，如果不能給用戶創造價值，企業是不可能長遠發展的。所以說，**在估值時代，企業經營必然要從「以利潤為中心」轉移到「以用戶為中心」，商業價值一定要建立在用**

戶價值之上。同時，對於企業的管理人員來說，在估值時代更願意為企業的長遠利益負責和貢獻，也需要給予更高的回報和更好的利益機制。

微信為什麼服務這麼好還是免費的？因為微信解決了用戶的痛點，讓用戶爽，就創造了長期價值；而解決了這個，互聯網企業所創造的機制就會讓這個微信的創造者和團隊獲得充分的長期利益。微信團隊現在 200 人，如果單獨上市的話，估值最起碼 200 億美元，那麼，每個員工為公司創造了 1 億美元的平均價值，這一定會獲得騰訊很大的機制保護的。

我們再看看傳統企業，就拿利潤豐厚的銀行業來說，很多傳統銀行最近在做 P2P 的時候，連團隊期權都沒有，甚至連 CEO 是誰都沒有被定義好就開始做了，這完全是埋沒人的價值。這樣，傳統金融業就無法吸引優秀的人，就不會創造好的機制留下人為長期利益服務，金融行業的人就不會真正在未來增值。

傳統金融業受到互聯網行業的這個衝擊將非常直接，互聯網行業會更快地把團隊裡面每個人的估值與公司的長期利益綁定，這就是兩個行業巨大的差別。這解決了所有者是誰的問題，而沒有所有者就沒有長遠利益，就沒有未來。

這一點在傳統企業「觸網」的時候往往會被忽視。互聯網企業的利益機制更先進，我們從矽谷學來最有價值的不是技術也不是文化，而是機制，用一種全新的機制，肯定了創新者做為公司主人的法定機制，並基於此建立了全新的遊戲規則。

一個沒有任何收入的公司可以估值數億元，投資人投了幾千萬元只拿少數股份，為什麼？這就是矽谷和互聯網帶來的機制，讓人的價值獲得肯定。**互聯網改變傳統產業，最大的改變就是重新衡量人的資產價值，這就是最大的本質。**

所以我們在思考互聯網給傳統企業管理帶來哪些思考的時候，一定不能忘記這一點，對於企業內部員工來說，這一點很可能是最重要的。對於企業家來說，企業員工就是其最大的用戶，怎麼讓這類「用戶」有參與感呢？值得每一位面臨轉型的企業家思考。

小米公司透明的利益分享機制

小米公司有一個理念，就是要和員工一起分享利益，儘可能的分享利益。小米公司剛成立的時候，就推行了全員持股、全員投資的計畫，小米最初的56個員工，自掏腰包總共投資了1100萬美元——均攤下來每人投資約20萬美元。小米手機的激勵機制：第一是工資是主流，第二是在期權上很大的上升空間，第三是團隊做事確實有時候壓力很大，但他會覺得有很強的滿足感，很多用戶會極力追捧他，比如說某個工程師萬歲。

考核方式：告別傳統KPI

在工業化時代，企業主雇用的是工人的手；在後工業化時代，員工的價值在於他的創新能力；在工業化時代，工人是企業的成本；在後工業化時代，員工是企業的資產。

在如今這樣一個消費者的基本需求大部分都已經被滿足的大環境下，根本就沒有所謂的「剛性」需求可以讓你用步步為營、條分縷析的KPI方式去滿足。產品研發的過程更多的是一個嘗試的過程，透過一個「最小化的可行產品」不斷測試目標消費者的需求，你才能找到真正的引爆點。

既然組織形式和管理方式都發生了變化，那麼相應的考核方式也要隨之改變。所以考核方式也將由原來冷冰冰的KPI表格變化為更多的玩法，讓員工的工作像打遊戲一樣愉快。小米公司在這一點上也有很大的創新。小米公司實行全員6×12小時工作，堅持了將近3年，從來沒有實行過打卡制度，也沒有施行公司範圍內的KPI考核制度。

【案 例】

阿芙精油的「怪胎式」績效考核方式

沒有明確的績效指標，全靠「賭術」。雖然是一家化妝品公司，但營運模式更像一家遊戲公司。

一．賭出來的業績

一次，阿芙精油要在淘寶首頁投一個焦點圖，創始人孟醒讓大家下注預測焦點圖的點擊量，最接近的員工有一次扔飛鏢的機會，靶上的數字從 1～500，如果扔到 500，當月工資就可以加 500 元。

孟醒還喜歡和員工打賭，賭下個月能完成多少指標。2011 年，他貼出告示稱，只要銷售業績過了 1.1 億元，就請所有員工去一趟馬爾地夫。結果那年阿芙精油的銷售額達到 1.3 億元，為此孟醒自掏腰包 400 多萬元請大家出國旅遊。他還讓員工自己下賭注，有人要按摩卡、有人要 iPhone5S，如果員工達成業績，都能拿到想要的獎品。

甚至有員工在公司論壇上說喜歡吃鼎泰豐的包子，當這位員工達成目標後，就真的得到一張鼎泰豐的單年卡，可以在一年內無限次享用鼎泰豐的包子。在眾多的「賭注」中，價值最高的獎勵是一輛賓士車。

二．亦工作亦遊戲

當然，阿芙精油也有懲罰機制，但從不罰錢，也沒有固定的懲罰措施。與獎勵方式一樣，員工可以自己提出懲罰建議，看上去有些娛樂化：例如，沒達成指標的小組成員每人要吃一瓶海南最辣的小尖椒，或臭豆腐配榴槤……雖然號稱是懲罰，但大家都玩得很開心，激發了團隊的凝聚力，非常符合 85 後、90 後「把工作當玩遊戲」的績效模式。

有一段時間，微博上曾出現了一組「秒殺 Google 辦公室」的工作場所組圖，頓時成為熱門話題。當大家都在猜測這是哪家國外科技巨頭的超級辦公室時，結果卻讓人跌破眼鏡——這正是阿芙精油的辦公室。這一被稱為「最美辦公室」的地方更像一個遊樂場：上樓有攀岩牆，下樓有滑梯和消防員滑竿；茶水間有可樂機，會議室藏在密室中；孟醒還花重金營造了一個恆溫恆濕的熱帶雨林，甚至專門開闢了一間辦公室做為膠囊旅館，員工睏了可以進去「帶薪小睡」。

阿芙精油還抓住了85後、90後大多會吃、能吃的特點，特聘曾在大飯店和私人會所掌廚的大廚為員工做餐點，但這不是無償的。公司會根據表現和業績發給員工消費券，晚上只要過了6點，每人都有加班晚餐，為了吃好，很多員工心甘情願地留下來加班。到了週末還有露天燒烤、免費按摩、免費美甲，這些都充分滿足了年輕員工追求愉快工作氛圍的心態。

阿芙精油雖然沒有明確的KPI，但透過營造員工喜歡的氛圍，讓員工擁有很強的歸屬感，費用其實比直接給加班費的成本還低。

企業文化：創新驅動的人本主義

互聯網時代的組織漸漸拓寬了控制跨度，使組織結構趨於扁平。員工間的非正式組織日趨活躍，員工與組織外的交往日趨頻繁，這些都要求一種強文化提供共同的價值觀體系，從而保證組織中的每個人都朝同一個方面努力。因此，對於企業來講，如何形成合理的、有活力的創新文化，形成內部的創新合力、對外部的創新吸引力，至關重要。

京東商城透過每隔一段時間各條產品線的創新大賽，來鼓勵員工自主創新。只要是京東員工，不分部門、不分職位，誰都可以到台上去講，去展示自己的創新項目。有好的項目，公司還提供孵化基金和資源支持，把創意變成可執行的項目，這大大激發了員工的創新積極性，有很多優質的項目都是這樣孵化出來的。

還有我們常說的「雕爺牛腩」，其辦公室除了正經的辦公位，還有熱帶植物、鸚鵡、貓舍、狗窩、掛在半空的小便池、書櫃和儲物櫃後的祕密會議室、滑梯、流動按摩師、加班捏腳服務、駐場美髮師、地中海風格的洗手間等，這一系列元素，你能想像這是一種怎樣的企業文化？

【案 例】

淘品牌「格男仕」的另類文化

格男仕是一家服裝行業的淘品牌。在過去4年時間裡，格男仕業績竄升至兩億多元人民幣，分銷商2000家……如此成績的取得，除了其較強的IT技術力量，我們來看看其另類而趣味甚至搞笑的企業管理文化。

一. 員工每日走星光大道

這裡每個員工都選一個正面的影視英雄人物作為個人的文化標籤，並把嚮往的英雄貼在自己的辦公桌上。老闆的辦公室叫好萊塢，行政室叫售票大廳……走進格男仕，古今中外，各路武林英雄都在這裡匯集，猶如華山論劍。

「大家都知道，不管是電視劇、科幻片還是卡通片、愛情片或是武俠片，主人翁通常經歷各種磨難，但最後都會戰勝困難、打敗敵人，因此我們要求每個員工選擇一個與自己比較匹配的影視英雄人物，以英雄為榜樣，喚醒每個員工內心的正能量。」格男仕老闆吳志超說。

二. 在快樂中得到懲罰

曾經有一名員工離職，吳志超問他為什麼？那位員工說：「公司挺好的，待遇也不錯，但是老子不爽。」原來他是因為跟上司起了口角。看來是很小的事情，70後經歷過很多事情，會想得開，但是80後、90後的思維模式就大為不同了。

「我發現，以前拿幾百元獎勵員工，他們往往是拿了也就拿了，沒有太多感恩或感覺。」為此，吳志超製作了一些小紅花，員工有好的表現就贈送幾枚，這些小紅花，可以送給其他同事抵消犯錯。「他以前幫了我，這次輪到我回報他了。這樣可以培養員工友愛互助。」另外一種方式是，可以參加抽獎，獎品非常豐富。「比如帶薪休假一天、你也可以要求公司主管接送你上下班一天，也有30分鐘遲到抵用券5張；邀請3位朋友或家人，讓主管請吃飯；孝敬基金，我們會給員工父母打電話，說你兒子表現很好，這是孝敬您老的，連續5天每天免費午餐、五星級自助餐一次……」

當然，犯錯了也有懲罰，那就是抽恐怖箱，且是整個團隊都要懲罰。「在這之前，我們會要求大家趕緊先找自己有沒有問題，再去找別人有沒有問題。找到別人的問題可以抵消自己的問題。最後還是有錯誤的，整個團隊就要受罰。」吳志超制定了各種有趣的懲罰方式：老漢推車、內褲外穿、男人穿胸罩、臉上塗鴉且一天內不能擦掉，其中掃地是最輕的。

「看完這些，大家可能會覺得我們是一群神經病！自從得了神經病，整個人精神多了。」吳志超說，「我們希望讓員工在快樂中得到懲罰，這樣既可以得到教訓，又能傳遞友愛、歡樂和感動。」

吳志超說：「企業文化要以員工為核心。我想說一個口號對比：今天工作不努力，明天努力找工作，這是很多公司的標語。這句話帶有威脅性質，潛台詞是，你如果不好好幹，明天就把你開除，誰聽了都會不爽。我們的口號是：今年不珍惜員工，明年努力找員工。電商行業大家都知道，全國都緊缺電商人才，好不容易培養了幾個人才，卻隨時擔心他們會離職。其實在企業，管理方式應更多從員工的角度思考，這樣才能留住他們的心。」

在所有以創造性服務客戶為溢價來源的行業，對我們年輕的員工，老闆不應該是一個單純的「管理」者，而是透過一系列的途徑，將公司目標和員工個人的成就、價值、目標、認同、滿足、快樂聯繫起來，將員工的主觀意願和創造力發掘到極致。

作為一個創造性公司的管理者，更多的不是「管理」，而是真正地能夠放下老闆的架子，放下管理者和家長的姿態，不僅「蹲下來面對消費者」，而且「蹲下來面對員工」，努力去尊重員工、理解員工、認同員工，幫助員工實現自己的價值和夢想，這樣員工才有意願把自己最大的努力和創造力貢獻給企業。

讓員工嚴格遵守標準化流程，其實等於雇用一個人的雙手，沒雇用大腦，這是虧本生意。雙手是最劣等的機器，最值錢的是大腦，大腦能創造、能解決流程和制度不能解決的問題。

在互聯網推動的新經濟環境下，在面對新生代的員工時，無論是制度建設，還是管理思想，管理者都需要去變革和創新，只有這樣，才能屹立潮頭、基業長青。

註①：

參考《中國企業家》雜志趙輝的文章《千億再造：中國領軍企業的組織結構調整》，網址：http://www.iceo.com.cn/mag2013/2013/1231/273986_4.shtml.

第九章　跨界思維

- 互聯網企業的跨界顛覆，本質是高效率整合低效率。
- 尋找低效點，打破利益分配格局。
- 挾「用戶」以令諸侯，敢於自我顛覆，主動跨界。

法則 20　尋找低效點，打破利益分配格局

法則 21　挾「用戶」以令諸侯

法則 22　敢於自我顛覆，主動跨界

第一節
跨界成爲必然趨勢

「跨界」是 2013 年中國互聯網發展的關鍵詞之一。

做電子商務的阿里巴巴做起了金融、賣起了保險，做視頻網站的樂視賣起了電視，賣彩電的長虹也玩起了互聯網，跨界江湖，異常熱鬧！

跨界趨勢數年前已萌芽，這兩年成為浪潮。那些看起來彼此距離有幾光年的產業，突然近在咫尺。昨日的對手，會成為今日的盟友；而今天的夥伴，也可能是明天的敵人。在全球，無邊界的力量正無孔不入，殫精竭慮建立的行業壁壘，可能只是一道「馬其諾防線」。軟體公司愈來愈硬，而硬體公司愈來愈軟。微軟開始做硬體，與傳統 PC 合作夥伴的關係變得更為複雜。蘋果是最成功的跨界者，它對另一位跨界者三星發動了毫不留情的核戰爭。

在互聯網邁向「大互聯」時代的今天，跨界成為必然的趨勢和普遍現象。互聯網網狀聯結的技術特徵是沒有邊界的，所以說互聯網是一種天然的無邊界存在。互聯網發展帶來的跨界現象，可以從三個層面去理解。第一個是產業層面，虛擬經濟和實體經濟的融合，平台型生態系統商業模式的發展，使得很多產業邊界變得模糊，我們很難定義阿里巴巴到底是一家什麼公司，即產業無邊界。第二個是組織層面，互聯網的發展使得專業化分工日益明顯，「虛擬化組織」的增多給傳統的組織管理帶來了挑戰，組織的邊界不再那麼明顯，即組織無邊界。第三個層面，在互聯網時代，信息總量的爆炸式增長以及信息傳播方式的便捷和迅速，大大消除了信息不對稱，使得我們每個人都主動或被動地進行跨界的知識儲備，產品經理之類的跨界人才成為各大企業競相追逐的對象，尤其是能夠跨越傳統產業和互聯網的兩棲人才，更是不可多得。

本章側重講解產業層面的跨界思維。

跨界思維，意味著我們要敢於超越之前思維的局限，突破傳統工業時代那套講究精準、嚴密控制的思維模式，尋找到專業與人文、理性與感性、傳統與創新的交叉點，甚至重新審視自我，完成自我顛覆和重塑。

跨界「野蠻人」，重塑產業格局

產業層面的跨界，可能來自鄰近產業，也可能來自看似毫無關聯的產業，這樣的例子，不勝枚舉。曾經穩坐手機產業大老位置的諾基亞、摩托羅拉、索尼愛立信，想都沒想到會被毫不相關的產業（如蘋果、Google）所顛覆；電信、聯通和網通三大電信營運商估計也不會想到會被一個叫微信的 App 給攪得天翻地覆；TCL、創維這些電視大老們又何曾想過會與小米、樂視這些原本毫不相關的小弟弟們同台競爭。

但是，這就是已經發生或者正在發生的事實，你不得不認真面對。

原本線性的產業競爭格局，已經被互聯網所帶來的跨界競爭打破，不同產業的基因序列需要重組。馬雲在阿里巴巴公司內部演講時說道：「傳統零售行業與互聯網的競爭，說難聽點，就像在機槍面前，太極拳、少林拳是沒有區別的，一槍就把你斃了，互聯網對你的摧毀是非常之快的。」

跨業洗牌，未來的行業競爭，一場跨界分金的盛宴正在開始！你準備好了沒有？請跟我來……

(1)《人再囧途之泰囧》和《致我們終將逝去的青春》兩部中國電影，吹皺了目前中國電影界一池春水，原因是兩位演而優則導的明星。先不說影片內容的見仁見智，但從票房上是能看出端倪的。這就是跨界的優勢。

(2) 最近大家還聽到最震撼的一句話是，中國移動說：「搞了這麼多年，今年才發現，原來騰訊才是我們的競爭對手。」

(3) 最徹底的競爭是跨界競爭，你收費的主要業務，一個跨界的進來，免費；因為人家根本不靠這個賺錢，你美滋滋地活了好多年，結果到最後不知道怎麼死的。

(4) 典型的案例如瑞星掃毒收費，360 掃毒進來全部免費，讓整個掃毒市場翻天覆地；微信免費，讓舒舒服服地收了十幾年通信和短信費的幾大壟斷營運商大驚失色；馬雲正式宣布啟動「菜鳥計畫」，不知道運輸業大老郵政快遞會做何感想？

(5) 中國大部分的商學院和培訓機構都收費，但和君商學院免費，用最認真的教學吸納各大高校才子來學習。最好的投資是投資一個人的思想，思想都高度一致了，還有什麼不好辦的呢。所以和君透過免費的商學院，為公司招募了不少人才，都不用培訓，直接上班。

(6) 還有阿里巴巴的支付寶對銀行的衝擊。這種跨界的競爭，你感受到了嗎？柯達的葬禮已經快要被人遺忘，摩托羅拉、諾基亞、東芝、索尼都在排隊等候檔期。中國聯通和中國移動沉睡難醒，畢竟厲害了這麼多年，加上有政府的支持做後盾，怎麼都不相信一個馬化騰就可以在短短幾個月內，直接開倉取錢！一個微信軟體的運用，在功能上足以把這兩個巨頭在電話和短信的收費方面趕盡殺絕！難怪現在急得跳腳，徒然被馬化騰狠狠嘲笑一番！醒來的速度不夠快，就不用醒了，免得傷心，直接送火葬場罷了！

(7) 未來 10 年，是中國商業領域大規模打劫的時代，所有大企業的糧倉都可能遭遇打劫！一旦人民的生活方式發生根本性的變化，來不及變革的企業，必定遭遇前所未有的劫難！沃爾瑪陸續關閉多家超市，這個曾經的世界第一富豪，正在面臨醒過來之後如何轉身的問題，至於其他各類恐龍級的商業巨頭，說真的，活下去都是一種恥辱！可惜，大多數人到現在還在把那些所謂億萬富翁當回事膜拜，卻不知道他們已經身心疲憊、頭昏腦脹，看不清前途，找不到歸路！更有甚者，居然還在擴張，還不知進退！愈來愈快，一切都在一個大規模變革之中，無論是哪一家公司，如果不能夠深刻地意識到金錢正隨著消費體驗的改變而改變流向，那麼，無論過去他們有多成功，未來，都只能夠苟延殘喘，直到被塵土掩埋。

(8) 跨界的，從來都不是專業的，創新者以前所未有的迅猛，從一個領域進入另一個領域。門縫正在裂開，邊界正在打開，傳統的廣告業、運輸業、零售業、服務業、醫療衛生等，都可能被逐一擊破。更便利、更全面的商業系統，正在逐一形成，世界開始先分後合，分的，是那些大老的家業；合的，是新的商業模式。

(9) 機場，不能夠是一個娛樂場嗎？不可以成為最重要的社交中心嗎？微信只是一個萌芽，搖一搖的背後，真正的契機在於，人們正在從家庭、辦公室走出來，進入一個極大的、廣闊的社交需求時代。還在留戀你的路邊廣告牌？還在把大把的錢投向電視廣告？還在以為分眾的電梯廣告占據了終端？過時啦！

(10) 未來，酒吧還是酒吧嗎？咖啡廳還是用來喝咖啡嗎？酒店就是用來睡覺的嗎？餐廳就是用來吃飯的嗎？美容業就靠折騰那張臉嗎？肯德基可不可以變成青少年學習交流中心？銀行等待的區域可不可以變成書店？飛機機艙可不可能變成國際化的社交平台？

(11) 你不敢跨界，就有人跨過來打劫，未來10年，是一個海盜嘉年華，各種橫空而出的馬雲、馬化騰會遍布各個領域。他們兩個只是開了個頭而已，接下來的故事是數據重構商業，流量改寫未來，舊思想漸漸消失，逐漸變成數據代碼，一切都在經歷一個推倒重來的過程。

(12) 你瞧不起，看不見，對現在正在以突飛猛進的形式取代傳統的行銷模式不以為然，未來幾十年的市場，不看學歷、背景、能力的低門檻創業方式受到青睞，衝擊著各大企業的就業難問題，也引來商界、演藝界的名媛富豪紛紛為自己準備人生備胎。

怎麼樣，這段話聽起來什麼感覺？對於淘寶 2013 年「雙 11」銷售額突破 350 億元大家又是什麼感受？馬雲曾在中南海和溫家寶說：「很多人恨我，因為我們摧毀了很多昨天很成功的企業，一些既得利益者很氣我，但我絕對不會因為你生氣就不去做我認為對的事情，因為我們沒有把互聯網當做一個生意，我們把互聯網當做一場革命。」其實這話他講了很多年，也一直做了這麼多年。

支付寶正掀起一場互聯網金融革命。支付寶的對手是傳統銀行嗎？不是。如果非要說對手的話，是 Visa 和萬事達，但又不全是，支付寶的目標是消除在交易中使用現金。阿里巴巴未來可能是中國最大的金融集團之一，它在切割金融行業的蛋糕。不過，杭州的很多商店，都打出關注商店微信就可以獲得優惠，微信在革電信的命，同時也正開始進入阿里巴巴最看重的一塊領域。

新的革命剛剛開始，更新的革命又在發酵，生生不息。中國經濟的每個領域，金融、電信、能源、醫療、服務、娛樂等，都會被新技術、新模式顛覆，一場又一場的跨界盛宴正在輪番登場。

互聯網革命帶來的跨界競爭，已然赤裸裸地成為現實，互聯網已經改變或正在改變人們生活的面貌。**這場跨界競爭，勢必重構原有的商業秩序，勢必掀起一場重新洗牌的卡位戰。你不跨界，別人就會過來打劫；你不跨界，別人就會讓你「出界」！**

可以說，互聯網這個跨界「野蠻人」，正在重塑產業格局。

在大互聯時代，所有傳統產業都將面臨兩層競爭：第一層是傳統產業機構與跨界者之間的競爭，大量借助互聯網和大數據的跨界者紛紛侵占傳統產業的領域；第二層是傳統產業內部的大企業與中小企業、全國性企業與區域性企業之間的競爭，互聯網和大數據打破了信息不對稱和物理區域壁壘，使得所有企業都將站在同一層面競爭，加劇了競爭激烈程度，加速企業的優勝劣汰。

跨界者三個來源

按照中歐國際工商學院陳威如教授的說法，跨界者可能來自於和你息息相關，或者毫不相關的產業。我們把這些跨界者劃分為三種來源。

一. 垂直整合

垂直整合，是指整合產業價值鏈的上下游。向產品生產的上一步整合是後向整合，下一步是前向整合。晶片、硬體、系統、App、經銷商均一鍋端的蘋果是垂直整合的典範。垂直整合異常困難，成本極高，但一旦成功也很難被破解。複雜的產品很難做到 100% 的垂直整合，包括蘋果，只能在一定程度垂直整合。垂直整合的優勢是更強的控制力、更大的價值分配話語權以及形成穩定牢固的狀態。

二. 橫向擴張

橫向擴展，先是橫向合併，相似業務的收購、併購；接著是類似可替代業務的開展，例如從 PC 搜尋到行動搜尋，從功能手機到智慧手機；最終是位於生產過程同一層級業務的整合。互聯網消費型產品橫向擴展的終極狀態是「滿足用戶一切可以滿足的需求」。橫向擴展帶來規模效應、市占率、消滅競爭對手，很容易形成壟斷或者幾個寡頭的聯合壟斷。

「什麼都可以做」的騰訊是橫向擴展的典範。騰訊最初只做即時通訊，之後陸續推出的產品據說已經超過 1000 個，幾乎所有中國互聯網用戶都使用著多個騰訊產品，它正滲透到互聯網的每一個角落。騰訊基於用戶基礎和社交關係的強捆綁，透過橫向擴展，已經擁有堅不可摧的護城河和強大的擴張力量。在經濟學上，過度的橫向合併會削弱企業間的競爭，甚至會造成少數企業壟斷市場的局面，犧牲市場經濟的效率。因此，在一些市場經濟高度發達的國家，政府往往會制定反托辣斯法規，以限制横向擴展的蔓延。

三．毫無預警的顛覆

「顛覆的力量往往來自側翼」。也就是說，在互聯網大潮之下，你很難預測到誰會端走你的飯碗。這一點有非常多的案例可以證明。

最可怕的競爭對手往往來自於突然闖入的野蠻人。

一個企業最擔心什麼樣的競爭對手？一定不是現有市場內的玩家，因為大家的遊戲規則都是一樣的，就像百度不需要太過擔心 360 的搜尋，阿里巴巴不需要太擔心京東。

事實上，最可怕的競爭對手是一個突然闖進來的野蠻人，其完全不靠你以往的方式生存，改變了行業的商業模式和競爭規則，這種情況在巨頭之間的跨界中發生的可能性尤其大。一方面，對於這個行業原有的玩家來說這是全部，而對於新進入的巨頭來說這只是一部分，而且巨頭的進入很有可能就是為了一個戰略布局或卡位的目的；另一方面，巨頭原有的強勢業務與新進入的業務可能有所交集，天知道會有什麼新的商業模式被創造出來。

在商業歷史上，顛覆的革命從來不是敲鑼打鼓來的。如果報紙、雜誌、電視台連篇累牘地報導，連大街上的老太太都能說出兩句，那麼對不起，行業的老大哥們早就寫了厚厚的分析報告，早就做了戰略部署，重兵把守，就等著你來，這個時候想要顛覆，根本不可能了。顛覆的力量從來不是來自於主流的、熱門的市場，而是來自於邊緣地帶，來自於側翼。馬克・安德森本來是有機會把 Netscape 做成一個與微軟匹敵的偉大公司的，但是他犯的一個致命錯誤，是在 Netscape 瀏覽器還沒有打下深厚根基的時候，就開始與微軟公開叫陣，驚醒了沉睡的微軟。結果可想而知，微軟利用壟斷地位在操作系統中捆綁 IE 瀏覽器，就把 Netscape 趕出了市場。

第二節
法則 20——尋找低效點，打破利益分配格局

互聯網的跨界顛覆，本質是高效率整合低效率

互聯網透過技術的手段，解決了信息不對稱的問題。本質上，解決的是「溝通」問題，解決了「空間」、「時間」、「人間（人與人之間）」的信息不對稱問題，使得溝通效率疾速提升。這種提升用消滅中間環節的方式，重構商業價值鏈。

簡單來說，商業可以簡單分為兩大環節：創造價值和傳遞價值。傳遞價值可以解構為三個流：信息流、資金流、物流。互聯網首先透過自身的效率，縮短或者重構「傳遞價值」的商業價值鏈。所有建立在信息不對稱基礎之上的效率差，都將被逐漸打破。第一批被挑戰的是傳統「信息中介」——傳統媒體，以及依賴於傳統媒體的衍生行業，比如傳統廣告、傳統公關。第二波就是零售行業，沃爾瑪不是被淘寶打敗，也不是被 1 號店打敗，而是被一種新的業態所革新。第三波又席捲至金融行業，餘額寶出現後，支付寶不再是中間工具，而是變成了資金池，阿里巴巴成功地轉移了數以千億元計的活期存款。

一切基於信息不對稱的環節都將逐漸被顛覆，或者邊緣化。

信息流、資金流和物流本質上大部分是傳遞價值，現在看來，以往這些通路分走的利潤過高了。當傳遞價值被重構之後，互聯網將真正地進軍傳統產業，重構商業的源頭：創造價值端。

未來，互聯網這種如同龍捲風般的變革將會進一步向哪些方向席捲？如果用一句話歸結，那就是：**存在信息不對稱和低效點的產業與價值鏈環節。**

比如傳統教育業的「新東方」將會遭遇巨大的危機。新東方至今主要還是用一種非常傳統的模式在營運產業，在信息不對稱的情況下，單項數千元的課程可以人滿為患；但當互聯網可以極大提高培訓效率的時候，誰還會長途跋涉去北京、上海，付費去課堂上聽老師講笑話？新東方最值得警惕的對手，可能就是「滬江網」。

這裡指的傳統行業，是相對而言。誰是傳統？用戶需求得不到很好滿足、效率低下、交易成本過高的行業都屬於傳統行業。互聯網金融之於銀行、電商之於零售、線上教育之於線下教育、視頻之於電視台……新的力量入侵，撼動舊勢力看似牢固的格局。這是中國當下每時每刻都在發生的新商業革命。

互聯網為什麼能夠顛覆傳統行業？那是因為，從工具到思維，從產品到人才，互聯網企業都比傳統企業的效率要高得多。**互聯網顛覆本質上是對傳統產業核心要素的重新分配，是生產關係的重構，從而提升營運效率和結構效率**。所以，對於互聯網企業來說，抓住傳統行業價值鏈條的低效環節，用互聯網工具和互聯網思維去改造和優化，就有機會。

未來相當長的一段時間裡，互聯網吞噬與重塑傳統行業、互聯網巨頭之間的跨界與顛覆將會爭相上演，成為新時期互聯網發展的主旋律。

從低效點出發，尋找跨界的入口

無論是對於互聯網企業的逆襲，還是傳統企業的自我革新，都要重新審視所處產業和自身價值鏈條的低效環節，並尋找提升的方法。

舉一個很簡單的例子，原來買火車票要在火車站長時間排隊，而且還不一定有票，這顯然存在一個低效問題點。網上售票之後，不僅不用長時間排隊，還可以隨時知道有沒有票，無論是對於售票人來說，還是對於買票人來說，效率都大大提升了。這種低效點往往就是我們前面所說的痛點，我們尋找突破口就一定要從這裡出發。

打破現有利益分配格局，把握跨界制勝的訣竅

在別人收費的項目免費，這是很典型的打破現有利益分配機制的一種方式。原來的硬體廠商，主要透過硬體銷售來獲取利潤，比如手機、電視的廠商，但是小米、樂視等互聯網公司闖入之後，換了一個玩法，不在硬體上掙多少錢，而是把用戶引導至其構建的一個網路生態系統裡去，透過多樣化的服務黏住客戶並形成消費。於是其硬體就可以賣很低的價格，那些傳統廠商們，因為原來層層代理的通路利益分配，很難去與小米這樣的公司拚價格，在這場競爭中就顯得十分被動，也在謀求轉型互聯網。這就是很典型的打破現有利益分配機制的一種現象。

微信，透過免費化的文本、語音、圖片、視頻等多種方式實現了用戶之間的關係交互，搶了電信商的飯碗。人家還指望靠著你打電話、發短信賺錢呢，微信一過來居然免費！難怪電信商在那裡哀嚎。但這已經成為不可逆轉的趨勢，傳統電信營運商要麼變革商業模式，要麼就被顛覆掉。這些互聯網企業在掌握了規模化用戶基礎上，可以免費化地提供與你一樣的業務，甚至比你做得更好。這個案例正是傳統企業受到衝擊的典型縮影。行動互聯網顛覆傳統企業的習慣打法是，在你傳統賺錢的領域免費，徹底把你的客戶群帶走，繼而轉化成流量，再形成其他生意來實現盈利。簡單地說，行動互聯網企業在用顛覆性的思維、創新的商業模式和極致的客戶體驗來搶你的生意，這些「站在門口的野蠻人」就這樣重新定義並改造了你的生意。

互聯網跨界進入的時候，思考的都是怎麼能夠把原來傳統行業鏈條的利益分配打破，把原來的最大利益方幹掉，這樣才能夠重新洗牌。反正原來這塊市場也沒有我的利益，所以讓大家都賺錢也無所謂。正是有了這樣的思維，

才能夠誕生出新的模式和新的公司。

具有傳統行業背景的人士在做互聯網轉型的時候，往往捨不得，也不敢觸動自己所在行業的盈利根基。所以往往想的是，把互聯網當做一個工具，如何改良自己的行業，改善服務水準，希望獲得更大的利潤。比如傳統企業做電商，大多數考慮的都是線下經銷商的利益怎麼辦，所以基本上都會搞一個新品牌或者新的產品系列，而純粹的網路品牌就沒有這樣的包袱了。

所以我們常講，顛覆性創新往往具有外部性，即最終常常是新力量取得勝利，其中一個主要的原因就是傳統力量受到資源、過程和價值觀的束縛，難以很快實現轉型。因為顛覆性創新而沒落的巨頭屢見不鮮，如雅虎、諾基亞、柯達等巨頭都曾創造歷史的傳奇，但最終還是難免衰落的命運。

如何用互聯網思維去顛覆傳統行業？最好的做法就是把原來的利益分配完全打破，甚至顛覆。只有這樣思考，才能重新定義一個行業，你才有機會。

第三節
法則 21 ——挾「用戶」以令諸侯

互聯網企業玩跨界，無論是橫向擴展還是垂直整合，均是以用戶為中心的。橫向擴展是滿足用戶一切可以滿足的需求，而垂直整合則是完美地滿足用戶某方面的需求。它們為什麼能夠贏得這場跨界競爭呢？它們一方面掌握用戶數據，知道用戶的收入狀況、信用狀況、社會關係、購買行為數據等；另一方面它們又具備用戶思維，懂得自始至終關注用戶需求和用戶體驗，也就自然能夠挾「用戶」以令諸侯。

用戶數據是跨界制勝的重要資產

2013 年 6 月上線的「餘額寶」理財產品，至 2014 年 1 月，基金規模已經超過 2500 億元，客戶數近 5000 萬戶，超越盤踞基金排名首位 7 年之久的華夏基金，成為新的行業第一。餘額寶耀眼光環的背後，其實是簡單到不能再簡單的傳統貨幣基金。貨幣基金做了這麼多年一直平淡無奇，突然就被餘額寶演繹出巨大的規模效應，靠的是什麼？

「天弘基金」數據顯示，餘額寶用戶平均年齡僅 28 歲，18 ～ 35 歲的用戶是最為活躍的用戶群，占總用戶數的 82.8%。其中，23 歲的「寶粉」數量最為龐大，達到 205 萬人。這些 80 後、90 後正是淘寶網的主力消費群，他們每天在淘寶上「逛街」，對支付寶的使用駕輕就熟，而且這些年輕人對新事物的接受能力非常強，所以餘額寶這樣的產品憑藉較高的收益率自然會非常容易地把淘寶和支付寶的大量用戶轉移過來。

為什麼互聯網公司紛紛闖入金融領域？金融行業是典型的數據行業，也是典型的信息不對稱行業，互聯網公司多憑藉平台型的商業模式掌握著大量的用戶數據，所以在這場跨界競爭中的優勢非常明顯。

用戶體驗是跨界制勝的關鍵

用戶體驗的顛覆，按照360創始人周鴻禕的說法，就是把一個過去很複雜的事變得很簡單；把過去一個很困難的事，可能需要學習的事，變得不假思索就能使用。

前面講餘額寶的例子，在用戶體驗方面，餘額寶大大降低了我們選擇理財產品的難度。基金是很專業的金融理財產品，普通老百姓很難理解，不理解就不會形成購買，而餘額寶這樣的產品，在賣基金的時候沒有特別告訴用戶這是基金產品，而用戶也不知道自己買的就是基金，僅僅是收益率更高的一種方式，很容易就會選擇。

但是基金公司自己開的淘寶店可不一樣，它上線的是真正的基金，除了貨幣基金，還有「更難搞清楚」的股票基金、債券基金，基金公司用專業的金融術語去賣專業的基金產品，這對於淘寶平台聚集的用戶群來說，是很難理解的，也不願意真正花時間去搞清楚。正是由於用戶體驗的差別，導致了千億和千萬規模的區別。

北京城裡炒得火熱的輕奢餐飲店「雕爺牛腩」，其老闆原是淘品牌阿芙精油的創始人。從淘品牌到餐飲店，算是互聯網跨界傳統產業，在用戶體驗創新方面也是煞費苦心：重金購買香港食神戴龍的牛腩配方，開業前足足搞了半年封測，邀請各路明星、微博大號、美食達人免費試吃；專門訂製吃麵的碗，接觸嘴的部分很薄、很光滑，但是其他部分厚且相對粗糙，喝湯時嘴唇接觸的部分會有好的觸感；每個月都會更換菜單，「如果粉絲認為某道菜不好吃，可能這道菜很快就會在菜單上消失」；老闆自己親自做客服，天天看好評、差評，連最基層的員工都知道老闆要什麼……這一系列的動作都是對用戶體驗的重視。互聯網跨界顛覆傳統行業，一定要從用戶體驗出發，用戶體驗往往是關鍵的制勝點。

第四節
法則 22 ——敢於自我顛覆，主動跨界

領先者的窘境

從傳統認知上來講，柯達比富士大得多，富士只是一個後起之秀，可是 2012 年這個世界的格局徹底被調整。數位成像技術的出現，對整個行業形成了巨大的衝擊，無論是柯達、富士，還是佳能，都受到這個衝擊。柯達也知道這個衝擊，但是因為其傳統優勢部門的利益被傷害，並不願意改變，2000 年這個危機就埋下了。2001 年柯達的品牌價值在全球排第 27 名，到 2012 年的時候，100 名都進不去，市值從 2001 年的 300 億美元跌到 1 億美元。這種變化對另外一家公司而言卻是轉型的機會。富士把自己變成了全新的公司，從六個單元進行技術創新更新的調整，全面變革，各種事物都在以激烈的方式發生變化。變革使得富士成為一個全新的公司，而且獲得了新生。而柯達則最後宣布破產，令人唏噓。

過去 20 年，那些銳意轉型、積極投資創新活動、管理良好、認真傾聽顧客意見的企業，仍然喪失了市場主導地位。不是它們的能力不到位，不是它們的資金不夠雄厚，而是來自企業整個組織，從創始人、董事長、高級幹部一直到所有一線員工，是否具備完整的互聯網思維。

傳統企業的領地，正在被愈來愈多的互聯網公司所侵蝕，甚至一些占據明顯資源優勢的傳統企業，也難以抵擋互聯網新生代的衝擊，為什麼？看看下面這個故事能給我們帶來什麼啟示。

【案例】

中青旅VS攜程

在「攜程」的成長初期，它定位於酒店訂房業務，遇到的競爭對手包括同樣做為旅遊網站的「青旅在線」，以及早期已開展酒店訂房的「藝龍」、「上海假期」、「商之行」、「黃金世紀」等。其中，最被看好的是青旅在線，它挾中青旅（中國青年旅行社）的資源和品牌優勢，開展旅遊產品行銷與酒店分銷，具有顯而易見的優勢，而其他競爭對手也早已在訂房規模上領先攜程。

但是，伴隨著競爭的深入，情況並不像看上去那麼簡單。青旅在線表面上有旅行社的強大資源，但事實上對於網路業務而言，旅行社越強大，它的網站就愈無力。這是因為，中青旅這樣的大型旅遊公司業務遍布全國，業務分散給各地分公司完成，如上海青旅、成都青旅等一群區域實力派。這些分公司都有各自的利益訴求，幾乎無法在全國範圍內按照一致的標準推行任何一項業務。同時，初期的線上業務收入肯定不夠顯著，卻注定會對線下業務產生影響，這更使線下的各公司有理由抵制乃至排斥青旅在線的發展，網站各種發展中必須的資源投入自然無法保障。

而攜程的其他幾個競爭對手，在會員卡上分別收費 80 ～ 400 元人民幣不等，在此基礎上可以享受訂房優惠。由於收費的原因，這些訂房中心都具有一定規模的收益，同時也有客源不夠大的問題，但當時沒有任何一家訂房中心願意捨棄既有的收入，免費贈送客戶訂房卡。

與競爭對手相比，攜程的資源投入高度聚焦，它把全部資源和注意力都投入酒店分銷以及如何擴大客源方面。

首先，攜程先後收購了現代運通和商之行，一舉成為北方市場最大的酒店分銷商。其次，攜程開始免費派發攜程訂房卡，發卡最多的員工可以每月拿到 10000 元工資。發卡人員算上抽成每個月能拿 10000 元工資，前提就是他們日夜加班，下班後在北京王府井、上海外灘找客戶。直到今天，機場還可以看到攜程的員工在繼續派發卡片，這種行為本身已經成為一家市場挑戰者專注與執著的紀錄。正是透過這樣的大規模免費派發，在18個月裡，攜程的訂房量從每月幾百間猛漲到每月10萬間。在回答美國投資者關於攜程核心競爭力的問題時，創始人沈南鵬回答：「我發現我不能回答他們的問題，因為我們確實沒有什麼核心技術。」

事實上，攜程能力中的任何一個方面都不是完全不可複製的，甚至在有些方面競爭對手可以做得更好。但為什麼勝利者是攜程呢？

第一、相比於戰線更長、資源更分散、更不願意捨棄既得利益的對手，攜程將資源和注意力專注地投入核心方向上，迸發出巨大的能量和優勢。在此類競爭中，傳統的領先者往往對於戰略性新市場、新客戶群的資源投入猶豫不決、畏首畏尾，挑戰者往往全力以赴，賭上身家性命，結果自然不同。

第二、傳統企業習慣於把資源的配置按照自己認為的重要性進行配置，而其中貢獻最大、歷史最悠久的部門最具發言權，因此在資源上容易形成大者恆大的資源集聚現象。也就是說，傳統企業的核心營收部門往往握有最主要的資源分配，而同時新興部門所獲得的資源往往相對不足，貌似強大，實則虛弱。

第三、對於來自於互聯網的挑戰者來說，其策略重點在充分利用傳統對手普遍存在的路徑依賴式的資源配置習慣，建立起能夠形成局部優勢的資源配置策略，最終以局部的資源優勢撼動整個市場局面。

很多傳統企業的衰落，恰恰是衰落在既有資源的優勢上。這些資源優勢方，往往因為資源優勢，忽略了用戶體驗和用戶訴求，在競爭中，動作遲緩，拚勁不足，終至落敗。愈有資源愈不行，幾乎成為互聯網鐵律，而目前包括百度、騰訊，也出現了這樣的反思，其內部叫做「富二代思維」。百度、騰訊的內部產品，往往有富二代的思路，仰仗資源，反而缺乏競爭力。

۞ 自我顛覆，從企業家開始

一個企業的高度取決於企業家的高度，那麼一個企業能否順應潮流完成轉型，自然也取決於企業家的危機意識和變革意識。如果企業家的思維不能完成轉換，這個企業的轉型基本上很難完成。

新東方教育科技集團董事長俞敏洪說道：「失敗，不是因為你做出了錯誤的商業決策。今天，不管你做出多麼正確的商業政策，都有可能死掉，因為你計畫的基因不在原來成功的基因裡。原來新東方成功靠個人努力、個人講課能力、個人辛辛苦苦勤奮的能力，但是今天這種能力沒法跟互聯網、行動技術相結合。未來想讓新東方更加成功，就必須更換我本人的基因，同時更換整個新東方發展基因。更換基因這個坎過不去，基本上就要死。」「更換基因」就是企業的自我顛覆，注定會非常痛苦，但這是企業在新商業時代贏得再度輝煌的唯一出路。

「華為」這麼多年來能夠持續成長，根本原因在於它是一個自我批判的組織，一個自我驅動的公司。今天所有的企業都在研究華為，全世界的商學院首選的研究案例就是華為，他們要申請成立華為研究中心。2000 年互聯網泡沫破滅之時，成立 13 年的華為正處於巔峰時刻（華為 2000 年銷售額達 220 億元，利潤以 29 億元位居中國電子百強首位），任正非以一封「華為的冬天」內部信，提醒華為人要居安思危，由此引發了中國 IT 業界關於危機意識的探討和思考。華為長期進行的自我批判活動，給這個組織的每個機體、每一個人傳導、奠定了一種心理基礎、文化基礎。支持變革、參與變革已經成為華為的習慣性文化。

任正非說：「華為是沒有歷史的公司。」在華為的任何角落看不到華為過去的歷史，沒有一張圖片有任正非的形象，全球各地的辦公場所看不到哪個中央領導視察華為的照片……恐懼造就偉大，任何組織，包括個人，如果沒有與你成長所相伴隨的那種不安全感，那種始終追隨著你的不安的影子，你可能就變得很放鬆，很悠閒。但是，這種放鬆和悠閒可能的結果是：在一個猝不及防的打擊面前，你的安逸，你對危險的麻木，會導致組織快速崩潰。我們生存於一個叢林世界，每一天、每一時、每一刻實際上都被危險包圍著。華為要透過自我否定、使用自我批判的工具，勇敢地去擁抱顛覆性創新；在充分發揮存量資產作用的基礎上，也不要怕顛覆性創新砸了金飯碗。這個時代前進得太快了，若我們自我滿足，只要停留 3 個月，就注定會從歷史上被抹掉。

駱駝服飾品牌的創始人萬金剛，年近 50 歲，他的同齡人多數對互聯網很陌生，但是他和一幫 20 歲左右的年輕人在一起，參加淘寶的電商培訓班。他說，**變革首先來自創始人的思維和心態，過去成功的經驗是好事，但有時候會阻礙接受新事物**。要有空杯的心態來學習互聯網，互聯網變化太快，慢了一年半載，就很難追趕上來。他接受培訓師的建議，重構了服務互聯網的組織架構，原先線下每個部門向上一級彙報，但是互聯網的組織結構是扁平化，總經理直接指揮到每個小組，像歐巴馬指揮特種部隊打賓拉登。2013 年「雙 11」當天，駱駝銷售額達到 3.8 億元。

企業家一定要走出慣性思維，無論是互聯網企業，還是傳統企業，我們都處在一個大變革的時代，思想就不能因循守舊。

內部培育顛覆性業務

在這些大企業的組織變革中，大膽創新的一招，就是內部藍軍的設立。「讓左手砍掉右手」，「自己打自己」。華為、騰訊、蘇寧，相繼開始孵化、培育自己的「敵人」，就是那些代表新的產業趨勢，有可能衝擊乃至淘汰現有業務的顛覆性業務。

任正非鼓勵無線部門建立藍軍，探索那些能夠挑戰華為原有業務模式和技術路線的道路。關於藍軍在華為中的作用，任正非指出：**「要打破自己的優勢，形成新的優勢。我們不主動打破自己的優勢，別人早晚也會來打破。」**

微信 VS 手機 QQ

微信是騰訊推出的重要產品，但是，微信卻並非騰訊嫡系團隊的戰果。騰訊行動部門幾百人，在行動互聯網領域屢屢錯失良機，廣州的電子郵箱團隊，反而爆發出了巨大的衝擊力。就如馬化騰所說：「微信這個產品出來，如果說不在騰訊，不是自己打自己，而是在另外一家公司，我們現在可能根本就擋不住。回過頭來看，生死關頭其實就是一、兩個月，那時候我們幾個核心幹部天天泡在上面，說這個怎麼改，那個怎麼改，在產品裡調整。」

當時微信推出來的時候，手機 QQ 部門反對，他們一個團隊已經在做一個類似的產品，兩個團隊都在做。這個時候，騰訊內部的測試環境就非常重要。3 年前，美國的 Kik Messenger 出來後，業界就有不同的看法。手機 QQ 團隊有多年各類手機上開發的經驗，他們覺得這個領域沒那麼急；而廣州做 QQ 郵箱的團隊卻認為是特別重要的時機。騰訊公司的態度是，當早期看不清楚未來的時候，允許部門之間有一定程度不同角度的競爭探索。

張小龍是 QQ 郵箱的負責人，他的團隊從企業產品到雲端服務經過了艱苦的磨練。他從 QQ 郵箱團隊抽調幾位核心成員，開始嘗試完全不考慮 PC，只從智慧手機出發考慮用戶體驗，開始了微信這個產品的研發。後來智慧手機的發展速度又超出了所有人的預期，世界上幾個老牌的 IM 服務商在這個大潮中掉隊了，如美國微軟 MSN、韓國的 Daum Messenger，都沒有能跟上這個智慧型手機大潮。

淘寶 VS 微淘

馬雲說：「我們告訴阿里巴巴的無線團隊，你們的職責就是滅了淘寶，

什麼時候滅了淘寶，就是成功的時候。」而不是說幫助淘寶更強大，在你好的時候必須想辦法打敗你自己，在你不好的時候想辦法把自己做強！

淘寶無線端的營業額從2010年的18億元到2011年的118億元、2012年將近500億元，2013年不出意外肯定會突破千億元大關。淘寶無線的營業額以超乎尋常的速度成長，在2013年，淘寶說到做到，無線端接連爆出猛料：微淘、表哥計畫、生活圈、阿裡旺信等一系列新產品接踵而至。而從組織架構上，淘寶已在各個事業部下增添無線業務，並與獨立的無線事業部並行運轉。無線淘寶負責人邱昌恆表示，淘寶無線未來會更個性化，更有互動，甚至會具有社交特徵。它不只是購物，還包括生活消費。

顯然，2013年是手機淘寶的「變形之年」，業務結構、產品結構都有非常大的變化。變形之後的手機淘寶，將給消費者提供千人千面的選擇，並讓賣家在無線平台自主經營，而不僅僅是把手機淘寶當成獲取流量的工具。2013年4月，手機淘寶「變形」項目內測悄然啟動。儘管尚無法斷言無線淘寶可以像微信一樣，幫助阿里巴巴拿到行動互聯網的門票，但至少在行動電商領域，淘寶仍然是佼佼者，市占率力壓群雄。

未來的階段，淘寶有足夠的勇氣，對自己進行革命，再造淘寶並非沒有可能。

當顛覆者的業務還藏在水面之下時，多採用內部孵化的模式，在組織結構上，專門成立了相應的機構，並為其建立了保護機制，一般情況下，這些部門沒有明確的利潤考核。比如「平安」在2011年建立了平安金融科技，專門來孵化一些創新的互聯網金融模式，平安金融科技獨立於其他平安業務公司。還有的企業在組織設計上採用PK機制，讓不同部門之間賽馬，誰跑得快，就用誰的。它們會有意放鬆對顛覆者成長的束縛。這些顛覆者的業務往往被獨立出來，而業務的負責人也往往直接對企業的最高層負責。「當進入一個新的領域的時候，尤其是這個業務跟其他業務差異比較大的時候，最好的方式就是給他一個單獨的土壤。」

自我變革是企業持續領先的根本動因

2012 年底，百度 CEO 李彥宏的一封內部郵件「改變，從你我開始」，講述了百度在未來的一段時間內要走的路線，指出不應該快速追求淨利潤，而要將更多的錢投入新業務和創新上。「執行上我們也有很多要變革。我們將百度文化叫簡單可依賴，但是隨著時間推移，怎麼樣做到簡單做到可依賴，是不一樣的。現在我觀察到的問題有兩點，一個是我們需要去鼓勵狼性，一個是淘汰小資。他們對狼性的三個定義，對現在的百度非常合適：敏銳的嗅覺、不屈不撓奮不顧身的進攻精神、群體奮鬥……所以說，淘汰小資是呼喚狼性，呼喚狼性就是要胡蘿蔔加大棒，要讓所有員工更明瞭，如果想找一個穩定工作不求有功但求無過地混日子，請現在就離開，否則我們這一艘大船就要被拖垮。」

2013 年年底，阿里巴巴創始人馬雲發出了內部郵件，稱「天變了」。「以前，我們對別人、別的行業呼籲，天變了；今天我們發現自己頭頂上的天也變了，我們腳下的穩健土地也在變化。這不是因為對手，而是因為我們的客戶和市場，因為新技術的革命在變。變化是一種必然，當然，擁抱變化和挑戰變化，也必須是我們每個阿里人的能力和自信！ 15 年的發展，今天的阿里已經具備了挑戰變化的魄力和決心，但我們絕對不能輕視這瞬息萬變的時代，很有可能由於我們之中任何一個人的疏忽和不求進步，2013 年成了我們最後一個好年。昨天那一頁已經翻過去了，阿里人，我們面臨的挑戰是前所未有的，我們昨天的成功很可能會成為我們的包袱，但我們同樣面臨著史無前例的機會，這個國家馬上要興起波瀾壯闊的改革和復興。我們從來不是為紅包、為年終獎金而戰，而是為未來而努力，為由於我們，中國十年後的不一樣而努力。」

「你要麼是破壞性創新，要麼你被別人破壞。」這是海爾 CEO 張瑞敏在 2013 年海爾商業模式創新全球論壇上援引「創新之父」克里斯坦森的一句話。面對洶湧而來的互聯網大潮，張瑞敏如臨深淵，年逾 60 的他毅然開始了在管理和組織上的自我顛覆。張瑞敏為什麼要顛覆海爾？怎麼顛覆？他在訪談中說道：**「沒有成功的企業，只有時代的企業。」**我們之前所有的，包括百年老店、基業長青，都是建立在工業時代的基礎上。100 年來，從通用到福特汽車等，他們為全世界的企業管理，提供了無數的案例、規則、經驗。但是這些東西，到今天這個時代，還能不能用？

這是一個大變革的時代，如果沒有變革的基因、變革的特點、變革的追求，我們就會被時代淘汰掉。企業的變革沒有終點，沒有所謂成功的企業，只有這個時代所允許你存在下來的企業，無論是百度還是阿里巴巴。在「大互聯」時代瞬息萬變的市場環境下，必須不斷地自我變革，以適應動態發展的商業變化，如此才有可能持續成功下去。敢於自我否定、自我顛覆是優秀企業必備的競爭法寶。

沿著舊地圖，找不到新大陸。2013 年，沒有任何一句轉型口號能像《中國經營報》李佩鈺社長的變革宣言這樣擲地有聲。

《中國經營報》內部改革動員令（節選）

文／ 李佩鈺

各位同仁：

想必大家已有所耳聞，我們即將迎來一次大範圍的組織機構調整。這次調整不是針對個別部門或某些人，而是自上而下，涉及中國經營報社全體，我們所有人。

請想像一下，明年，這個報社沒有基於傳統官媒的各層幹部了，廣告部門沒有了，取而代之的是像互聯網公司一樣形形色色的項目團隊。請不要懷疑，這就是我們的未來，是我們無可迴避的改變。

這些年，報業同行們一直在糾結一件事：我們愈來愈像是在用互聯網的手段生產報紙，報紙所代表的精緻閱讀體驗逐漸消失。比起那些純粹的網路內容來說，報紙似乎只是多出了排版、印刷、配送這幾道工序，而恰恰是這幾道工序，占用了大量的人力物力，使傳播過程變長了，使內容新鮮程度變差了，使得用戶獲取成本變高了。這種情況讓人沮喪，但是在沮喪之後，為何不嘗試去改變，反而要一再地遷延呢？

我想那是因為對於很多同行來說，「把字印在紙上」就是報紙存在的原理，是報社日復一日運轉的邏輯，是很多人全部的技能所在，也是一個雖然日漸式微但仍然有效的商業模式。改變它的難度不亞於推倒重來。這麼看來，沒落的不是平面媒體，而是被「平面化」的思維，是被磨平的進取心，是業者自我膜拜所營造出的高貴冷豔假象。平面媒體的黃金10年，既是一種恩賜，也是一種傷害，它導致的結果是，在中國所有行業中，平面媒體是整體經營水準最低的行業，導致我們在產業冬天到來之際一度驚慌失措。

這一次，我們下定決心進行業務創新和組織結構調整，最有力的支持來自於戰略委員會的老同志們，來自於平均社齡超過15年的社委會的中年同志們。他們是中國經營報社的創業一代，他們更能理解一個機構需要傳承與發展的道理。

而我呢，我現在已經是中國經營報社最資深的員工了。我在想，如果是20多年前的我，我會抗拒陌生的工作嗎？我會害怕外界的挑戰嗎？我會只為一份工資而做事嗎？20多年之後，我是不是可以放下名氣與地位的包袱，不忘初心，重新開啟打拚的狀態？我想我必須做到，那麼，你們呢？

即將到來的改變要解決一個問題：中國經營報社，這個有28年歷史的品牌，如何在互聯網特別是行動互聯網的環境下生存下去？對於大的趨勢，我們有如下的判斷：

（1）當今所有的媒體產品都是在互聯網平台上製造出來的。因此，把「傳統媒體」理解為「傳統形態媒體產品」更為貼切。既然只是「形態」問題，那麼就無所謂否定，也不存在替代。事實也是這樣，在一些「新概念」的媒體集團中，平面媒體依然在列，依然代表了高端的閱讀體驗，只是它們不再是唯一的收入支柱，而是產品組合中的一員而已。

（2）專業製作的內容永遠是傳播的主流。這是人類社會發展的基本規律：只有專業化生產，才能提高效率、節約成本、提升水準，才能形成產業鏈條，才能支撐這個產業鏈條持續運轉下去。

（3）在新媒體環境下，我們的直接讀者變成了間接讀者（網上搜尋），廣告與傳統媒體漸行漸遠（傳統廣告行業自身也日益衰落），代之而起的是為客戶量身定製的立體化整合傳播方案。

為了順應這些趨勢，我們的對策簡單來說就是把傳統媒體資源轉化成新媒體環境下的資源，把影響力轉移到「線上」，把收入模式轉移到「線下」，把單一的廣告模式變為協同利潤模式，實現組織平台化，產品多樣化，收入多元化。

我必須強調的是，這一次機構調整唯一的原則就是以客戶需要為中心，為導向。未來，我們的所有業務都是圍繞客戶需要展開的。市場開拓方面的工作會大大增多，為出版流程服務的職位會大為減少。但是，負責製作優質報導內容的採編團隊永遠是重中之重，他們會得到比以往更多的資源支持。

我們在設計新的組織結構與職務的時候，並沒有在腦中把它們與具體的人對應起來，因為人都有感情，如果牽入太多的感情因素，任何改革最終都無法成行。大家也許會發現，原來的部門沒有了，原來的工作沒有了，新出現的一些工作聞所未聞。請大家以積極的心態來理解這件事，並且相信自己能夠面對挑戰，激發出自我的內在潛能。若不如此，我們談什麼對自己的承諾，談什麼對家庭的擔當？如果失去學習與適應的能力，又有哪個企業能為你提供一次到位的規畫，並確保你能夠終身就業？

未來的中國經營報社是一個扁平化的組織，沒有社委會，沒有過多的層級結構。除了行政、法務、財務、人力資源、後期製作這些「支援部門」，以及新聞中心、網路中心這樣的「平台部門」之外，其餘的全部是以「產品」為中心的項目團隊。這樣的項目團隊將來也許會有十幾個之多，並且它的存在也是動態的，盈利即生，虧損即亡。團隊內部的結構也是扁平的，以產品經理和客戶經理為代表，實現不同人員的跨界合作。不同項目團隊之間，也許會存在某種競爭，但更多的應該是為滿足客戶需求而進行協同作戰，相互取長補短，共同營造生態化的新型組織形態。

為了實現這個目標，我們將從現在開始，向中國經營報社全體同仁徵集新產品創意。做為中國商業報紙第一品牌，我們已經幫助許多投資人找到了「中國好項目」，現在，我們也需要透過一個「全民興智」的過程，找到更多屬於自己的好項目和好創意。無論你現在是什麼職位，什麼層級，請不要考慮這些，大膽亮出自己的想法。一個點子也可以，如果有成熟的商業計畫那就更好了，也許明年，你就是一個項目的主管，或者是一個團隊的首腦。

中國經營報社的人才們，一定要勇敢出列。**因為，再不改變，我們就老了；再不創新，組織就老了。傳媒永遠是熱血的行業，必須要讓青春都燃燒起來。**

是的，「再不改變，我們就老了；再不創新，組織就老了」。每一位卓越的企業家都在自我燃燒，在這場轟轟烈烈的行動互聯網變革浪潮中，唯有擁抱變化，才可能贏得未來。

結　語

寫到這裡，書稿正文算是告一段落，再次感謝參與寫作的各位兄弟姐妹。這本書也是互聯網思維的一次測試，從前期的書稿定位和寫作方式，到書稿的形式和發布的方式，「眾包」、「眾籌」、「免費」、「迭代」、「用戶體驗」、「平台」、「跨界」等理念滲透其中。本書網路首發是在「新商業智慧聯盟」微信公眾平台，上線一週多時間，招募註冊會員超過1萬人，遠超出我們的預料，這就是行動互聯網的力量！

寫作本書，原來只是簡單的想法，把培訓的內容有條理地整理成一部書稿，成書之際，發現很多人對「互聯網思維」的理解並不一致，且褒貶不一。不過，每個人的思考出發點和理解深度不同，所以認知有分歧不足為奇。

針對近期一些對互聯網思維的誤解，筆者重申一下自己的觀點。

（1）不是因為有了互聯網，才有了互聯網思維。而是因為互聯網科技的不斷發展，以及對傳統商業形態的不斷衝擊，導致了這種思維得以集中爆發。生產力決定生產關係，互聯網在技術和商業層面的變化必然會帶來上層思考方式的變化。

（2）互聯網思維不是互聯網人的專利。不是因為你在互聯網公司你就具備這種互聯網思維，也不是傳統企業就沒有這種思維。互聯網思維就是一種思考方式，它不屬於哪一類人。互聯網公司出來的也有很多人不具備這種思維。

（3）互聯網思維不是包治百病的靈丹妙藥，但也不是境界虛高。在互聯網思維的指導下，我們可以重新審視一下我們原有的一些商業習慣。現代社會碎片化閱讀的習慣導致我們經常一知半解，很多人並沒有深入地理解互聯網思維，大多停留在產品和行銷層面，互聯網對傳統行業的影響更多體現在組織管理和商業邏輯層面。

（4）多數人都在用互聯網思維做行銷，而少有人去完成互聯網思維的系統思考。賣牛腩、賣煎餅果子的案例遭到大多數人吐槽之後，又有大把人用互聯網思維來包裝，賣電視、賣包子、賣家飾等等。行銷絕無過錯，用互聯網思維做行銷，本身也是要吸引大眾目光、獲得關注度，也是互聯網思維的體現。但行銷不代表全部，關鍵是你是否有系統地理解了互聯網思維？

（5）互聯網思維，你認為它重要，它對你來說就有意義；你認為它不重要，它對你來說就沒有意義！對於傳統企業和創業者，我們要做的不是當旁觀者，不是在這裡看熱鬧。對於一種新的商業現象和商業邏輯，我們要思考的是怎麼為我所用，因為我們在切切實實地做生意！如果不理解，我們就去研究和學習；如果理解了，挽袖子動手去幹就好了。這個世界上評論家多於實幹家，筆者希望大家能用實幹的態度來對待互聯網和互聯網思維。

（行動）互聯網對於我們仍然是一種機會，互聯網很可能是我們這代人遇到僅有的一波大潮。「任何沒有在微信上發過紅包、領過紅包的人都是需要自我反省的，說明你對新產品、新思維缺乏擁抱的態度。不要說你不是產品經理，在互聯網時代，需要的是全員行銷全員服務，否則你將很可能是一個跟隨者，因為只有深度的參與者才能讓自己的脈搏和這個時代一起共振。」這段話在微信朋友圈流傳甚廣，你有感觸嗎？

我們能不能從思想上把自己以前的習慣改掉，重新武裝一個具有互聯網思維的大腦？老闆的思路決定出路，行動電商絕不是靠引進幾個人才和技術就可以搞定的。僅僅去學習一些「一招闖江湖」之類的絕招是沒有用的。老闆自己的思維、習慣、行動不改變，沒用！最根本的，是要從思想上改變自己，要學會用互聯網思維看問題、解決問題。

傳統企業家們要利用自己累積的商業資源、人脈、財富等，借助互聯網的思維、手段和工具實現轉型升級，甚至跨越式的發展。這個機會的窗口期不會太長，過了這個窗口期，無數跟不上的傳統企業家們很可能將永遠的徹底沉淪！

這是一個商業秩序重構的時代，是一個傳統商業全面轉型的時代。這是一個最好的時代！

趨勢就像一匹馬，如果在馬後面追，你永遠都追不上，你只有騎在馬上面，才能和馬一樣快，這就叫馬上成功！

推薦閱讀書目

互聯網大勢

1.《浪潮之巔》：吳軍著，電子工業出版社，2011 年
2.《沸騰十五年：中國互聯網 1995-2009》：林軍著，中信出版社，2009 年
3.《互聯網進化論》：劉鋒著，清華大學出版社，2012 年
4.《第三次工業革命：新經濟模式如何改變世界》：杰里米·里夫金（Jeremy Rifkin）著、張體偉、孫豫寧譯，中信出版社，2012 年
5.《當下的衝擊：當數字化時代來臨，一切突然發生》：道格拉斯·洛西科夫（Douglas Rushkoff）著，中信出版社，2013 年
6.《關於投資、商業、互聯網的碎片化思考：老二非死不可》：方三文著，機械工業出版社，2013 年
7.《新物種起源：互聯網的思想基石》：姜奇平著，商務印書館有限公司，2012 年

一、用戶思維

8.《需求：締造偉大商業傳奇的根本力量》：亞德里安·斯萊沃斯基（Adrian J.Slywotzky）、卡爾·韋伯（Karl Weber）著、龍志勇、魏薇譯，浙江人民出版社，2013 年
9.《定位：有史以來對美國行銷影響最大的觀念》：阿爾·里斯（Al Ries）、杰克·特勞特（Jack Trout）著、謝偉山、苑愛冬譯，機械工業出版社，2011 年
10.《認知盈餘：自由時間的力量》，克萊·舍基（Clay Shirky）著、胡泳譯，中國人民大學出版社，2012 年
11.《長尾理論》：克里斯·安德森（Chris Anderson）著、蔣旭峰、馮斌譯，中信出版社，2012 年
12.《用戶體驗要素：以用戶為中心的產品設計》：加瑞特（Jesse James Garrett）著、范曉燕譯，機械工業出版社，2011 年
13.《商業秀》：斯科特·麥克凱恩（Scott Mckain）著，中信出版社，2003 年

二、簡約思維

14.《聚焦：決定你企業的未來》：阿爾·里斯（Al Ries）著，山西人民出版社，2012 年
15.《輕公司：互聯網變革中國製造》：李黎、杜晨著，中信出版社，2009 年
16.《專注力：化繁為簡的驚人力量》：于爾根·沃爾夫（Jurgen Wolff）著、朱曼譯，機械工業出版社，2013 年
17.《注意力曲線：打敗分心與焦慮》：露西·喬·帕拉迪諾（Lucy Jo Palladino）著、苗娜譯，中國人民大學出版社，2009 年

18.《簡單的力量：穿越複雜正確做事的管理指南》：杰克・特勞特（Jack Trout）、史蒂夫・里夫金（Steve Rivkin）著、謝偉山、苑愛冬譯，機械工業出版社，2010 年

19.《重來》：杰森・弗里德（Jason Fried）、大衛・H・漢森（David Heinemeier Hansson）著，李瑜偲譯，中信出版社，2010 年

三、極致思維

20.《互聯網產品之美》：朱軍華、柳亮著，機械工業出版社，2013 年

21.《IDEO，設計改變一切：設計思維如何變革組織和激發創新》：蒂姆・布朗（Tim Brown）著、侯婷譯，萬卷出版公司，2011 年

22.《啟示錄：打造用戶喜愛的產品》：Marty Cagan 著、七印部落譯，華中科技大學出版社，2011 年

23.《蘋果的產品設計之道：創建優秀產品、服務和用戶體驗的七個原則》：埃德森（John Edson）著，黃哲譯，機械工業出版社，2013 年

四、迭代思維

24.《精益創業》：埃里克・萊斯（Eric Ries）著、吳彤譯，中信出版社，2012 年

25.《精益創業實戰》：Ash Maurya 著，人民郵電出版社，2013 年

26.《豐田生產方式》：大野耐一著，中國鐵道出版社，2006 年

27.《精益思想》：詹姆斯 P・沃麥克（James P.Womack）、丹尼爾 T・瓊（Deniel T. Jones）著，機械工業出版社，2011 年

五、流量思維

28.《免費：商業的未來》：克里斯・安德森（Chris Anderson）著，中信出版社，2009 年

29.《社交紅利》：徐志斌著，北京聯合出版公司，2013 年

六、社會化思維

30.《未來是濕的》：克萊・舍基（Clay Shirky）著、胡泳、沈滿琳譯，中國人民大學出版社，2009 年

31.《引爆點：如何製造流行》：馬爾科姆・格拉德威爾（Malcolm Gladwell）著，中信出版社，2009 年

32.《世界是平的》：托馬斯・弗里德曼（Thomas L.Friedman）著，湖南科技出版社，2008 年

33.《眾包 2：群體創造的力量》，文卡特・拉馬斯瓦米（Venkat Ramaswamy）、弗朗西斯・高哈特（Francis Gouillart）著、王虎譯，中信出版社，2011 年

34.《創客：新工業革命》：克里斯・安德森（Chris Anderson）著、蕭瀟譯，中信出版社，

2012 年
35.《互聯網行銷的本質·點亮社群》：查克·布萊默（Chuck Brymer）著、曾虎翼譯，東方出版社，2010 年

七、大數據思維

37.《大數據時代的歷史機遇》：趙國棟、易歡歡、糜萬軍、鄂維南著，清華大學出版社，2013 年
38.《大數據時代》：維克托·邁爾·舍恩伯格（Victor Mayer-Schönberger）、肯尼斯·庫克耶（Kenneth Cukier）著，浙江人民出版社，2013 年
39.《爆發：大數據時代預見未來的新思維》：艾伯特·拉斯洛·巴拉巴西（Albert-Lszl Barab si）著、馬慧譯，中國人民大學出版社，2012 年

八、平台思維

40.《失控：全人類的最終命運和結局》：凱文·凱利（Kevin Kelly）著，新星出版社，2011 年
41.《平台戰略：正在席捲全球的商業模式革命》：陳威如、余卓軒著，中信出版社，2013 年
42.《管理的未來》：謝爾蓋·布林（Sergey Mikhaaylovich Brin）著、陳勁譯，中信出版社，2012 年
43.《大繁榮：大眾創新如何帶來國家繁榮》：埃德蒙·費爾普斯（Edmund Phelps）著，中信出版社，2013 年
44.《專業主義》：大前研 一著，裴立杰譯，中信出版社，2010 年
45.《阿米巴模式》：稻盛和夫著，東方出版社，2013 年
46.《無為而治：停止過度管理，成 一個接觸的領導者》：約翰·基思·默寧翰（John Keith Murnighan）著，華夏出版社，2013 年

九、跨界思維

47.《創新者的窘境》：克萊頓·克里斯坦森（Clayton Christensen）著，中信出版社，2013 年
48.《創新與企業家精神》：彼得·德魯克（Peter F. Drucker）著，機械工業出版社，2009 年
49.《移動浪潮：移動智能如何改變世界》：邁克爾·塞勒（Michael Saylor）著，中信出版社，2013 年
50.《顛覆性創新：如何改變公司，撼動行業，挑戰自我？》：威廉·泰勒（William Taylor）著，南溪譯，中華工商聯合出版社，2013 年

互聯網思維的
致勝九大關鍵
換掉你的腦袋，成為新時代商場贏家

編　　著　趙大偉

發 行 人　程顯灝
總 編 輯　呂增娣
執行主編　鍾若琦
主　　編　李瓊絲
編　　輯　吳孟蓉、程郁庭、許雅眉、鄭婷尹
美術總監　潘大智
封面設計　劉旻旻
特約美編　王之義
美　　編　游騰緯、李怡君
行銷企劃　謝儀方

發 行 部　侯莉莉
財 務 部　呂惠玲
印　　務　許丁財
出 版 者　四塊玉文創有限公司

製　　版　倚樂企業有限公司
印　　刷　封面：鴻海科技印刷股份有限公司　內文：原振企業社

總 代 理　三友圖書有限公司
地　　址　106 台北市安和路 2 段 213 號 4 樓
電　　話　(02) 2377-4155
傳　　真　(02) 2377-4355
E－mail　service@sanyau.com.tw
郵政劃撥　05844889 三友圖書有限公司

總 經 銷　大和書報圖書股份有限公司
地　　址　新北市新莊區五工五路 2 號
電　　話　(02) 8990-2588
傳　　真　(02) 2299-7900

初　　版　2015 年 03 月
訂　　價　新台幣 320 元
I S B N　978-986-5661-27-4（平裝）

國家圖書館出版品預行編目(CIP)資料

互聯網思維的制勝九大關鍵：換掉你的腦袋，成為新時代商場贏家/
趙大偉主編. -- 初版. -- 臺北市 ；四塊玉文
創, 2015. 03
面； 公分
ISBN 978-986-5661-27-4（平裝）

1.企業管理 2.網際網路

494　　104002219